国家出版基金资助项目

湖北省学术著作出版专项资金资助项目

数字制造科学与技术前沿研究丛书

压气机叶片阻尼减振机理
与数值仿真方法

王　娇　张曰浩　于　涛　韩清凯　著

武汉理工大学出版社
·武　汉·

内 容 提 要

本书针对叶片阻尼结构的振动抑制问题,采用叶片叶根处榫头-榫槽的榫连接触和摩擦阻尼、叶根处施加黏弹性阻尼材料、在叶身上施加新型阻尼硬涂层等三类阻尼减振机理,研究其对叶片振动特性的影响和减振效果。

本书适合数字制造科学与技术相关领域的学生、工程技术人员等参考。

图书在版编目(CIP)数据

压气机叶片阻尼减振机理与数值仿真方法/王娇等著. —武汉:武汉理工大学出版社,2019.5
ISBN 978-7-5629-5959-5

Ⅰ.①压… Ⅱ.①王… Ⅲ.①压缩机-叶片-阻尼减振-计算机仿真-研究 Ⅳ.①TH45

中国版本图书馆 CIP 数据核字(2019)第 046145 号

项目负责人:田 高 王兆国   责任编辑:张 晨
责任校对:夏冬琴   封面设计:兴和设计
出版发行:武汉理工大学出版社(武汉市洪山区珞狮路 122 号 邮编:430070)
         http://www.wutp.com.cn
经 销 者:各地新华书店
印 刷 者:武汉中远印务有限公司
开 本:787mm×1092mm 1/16
印 张:11
字 数:190 千字
版 次:2019 年 5 月第 1 版
印 次:2019 年 5 月第 1 次印刷
定 价:79.00 元

总　　序

　　当前,中国制造 2025 和德国工业 4.0 以信息技术与制造技术深度融合为核心,以数字化、网络化、智能化为主线,将互联网＋与先进制造业结合,兴起了全球新一轮的数字化制造的浪潮。发达国家(特别是美、德、英、日等制造技术领先的国家)面对近年来制造业竞争力的下降,大力倡导"再工业化、再制造化"的战略,明确提出智能机器人、人工智能、3D 打印、数字孪生是实现数字化制造的关键技术,并希望通过这几大数字化制造技术的突破,打造数字化设计与制造的高地,巩固和提升制造业的主导权。近年来,随着我国制造业信息化的推广和深入,数字车间、数字企业和数字化服务等数字技术已成为企业技术进步的重要标志,同时也是提高企业核心竞争力的重要手段。由此可见,在知识经济时代的今天,随着第三次工业革命的深入开展,数字化制造作为新的制造技术和制造模式,同时作为第三次工业革命的一个重要标志性内容,已成为推动 21 世纪制造业向前发展的强大动力,数字化制造的相关技术已逐步融入制造产品的全生命周期,成为制造业产品全生命周期中不可缺少的驱动因素。

　　数字制造科学与技术是以数字制造系统的基本理论和关键技术为主要研究内容,以信息科学和系统工程科学的方法论为主要研究方法,以制造系统的优化运行为主要研究目标的一门科学。它是一门新兴的交叉学科,是在数字科学与技术、网络信息技术及其他(如自动化技术、新材料科学、管理科学和系统科学等)跟制造科学与技术不断融合、发展和广泛交叉应用的基础上诞生的,也是制造企业、制造系统和制造过程不断实现数字化的必然结果。其研究内容涉及产品需求、产品设计与仿真、产品生产过程优化、产品生产装备的运行控制、产品质量管理、产品销售与维护、产品全生命周期的信息化与服务化等各个环节的数字化分析、设计与规划、运行与管理,以及产品全生命周期所依托的运行环境数字化实现。数字化制造的研究已经从一种技术性研究演变成为包含基础理论和系统技术的系统科学研究。

　　作为一门新兴学科,其科学问题与关键技术包括:制造产品的数字化描述与创新设计,加工对象的物体形位空间和旋量空间的数字表示,几何计算和几何推理、加工过程多物理场的交互作用规律及其数字表示,几何约束、物理约束和产品性能约束的相容性及混合约束问题求解,制造系统中的模糊信息、不确定信息、不完整信息以及经验与技能的形式化和数字化表示,异构制造环境下的信息融合、信息集成和信息共享,制造装备与过程的数字化智能控制、制造能力与制造全生命周期的服务优化等。本系列丛书试图从数字制造的基本理论和关键技术、数字制造计算几何学、数字制造信息学、数字制造机械动力学、数字制造可靠性基础、数字制造智能控制理论、数字制造误差理论与数据处理、数字制造资源智能管控等多个视角构成数字制造科学的完整学科体系。在此基础上,根据数字化制造技术的特点,从不同的角度介绍数字化制造的广泛应用和学术成果,包括产品数字化协同设计、机械系统数字化建模与分析、机械装置数字监测与诊断、动力学建模与应用、基于数字样机的维修技术与方法、磁悬浮转子机电耦合动力学、汽车信息物理融合系统、动力学与振动的数值模拟、压电换能器设计原理、复杂多环耦合机构构型综合及应用、大数据时代的产品智能配置理论与方法等。

　　围绕上述内容,以丁汉院士为代表的一批制造领域的教授、专家为此系列丛书的初步形成提供了宝贵的经验和知识,付出了辛勤的劳动,在此谨表示最衷心的感谢! 对于该丛书,经与闻邦椿、徐滨士、熊有伦、赵淳生、高金吉、郭东明和雷源忠等制造领域资深专家及编委会成员讨论,拟将其分为基础篇、技术篇和应用篇三个部分。上述专家和编委会成员对该系列丛书提出了许多宝贵意见,在此一并表示由衷的感谢!

　　数字制造科学与技术是一个内涵十分丰富、内容非常广泛的领域,而且还在不断地深化和发展之中,因此本丛书对数字制造科学的阐述只是一个初步的探索。可以预见,随着数字制造理论和方法的不断充实和发展,尤其是随着数字制造科学与技术在制造企业的广泛推广和应用,本系列丛书的内容将会得到不断的充实和完善。

《数字制造科学与技术前沿研究丛书》编审委员会

前　　言

　　叶片是航空发动机、燃气轮机、高端轴流压缩机等叶轮机械的重要部件。近年来,叶轮机的性能不断提高,向高转速、高效率、高精度、高可靠性方向发展。在结构轻量化的要求下,为确保叶轮机的安全及长寿命工作,叶片的性能就显得十分重要。但是,由于设计不周、试验不足、材料瑕疵、工艺缺陷,以及使用条件和环境条件的限制等因素,特别是在多场耦合复杂条件下,叶片承受相对严酷的流体和热机耦合激励,并且由于其本身的密集固有频率和复杂形式的模态振型等因素,不可避免地产生共振。在工程实际中,即使满足了静强度要求和抗低周疲劳设计要求,但由于高整体应力水平和可能的高频共振,叶片仍然容易发生高周疲劳损伤故障。为此,叶片在现有结构形式无法进一步优化的情况下,迫切需要采取增加阻尼的方法以实现叶片的减振,提高其抗振动疲劳能力。

　　人们在叶片的阻尼减振机理与数值仿真方面开展了大量卓有成效的研究工作,取得了许多重要的成果,并在工程实际中加以应用,取得了较好的经济效益和社会效益。随着科学技术的快速发展,由于叶片的振动问题十分复杂,其理论研究和工程实际都对现有叶片的理论分析方法提出了越来越高的要求,特别是叶片阻尼减振机理,需要不断地进行深入研究。

　　本书共分为 10 章。第 1 章为绪论,介绍了研究目的与意义以及叶片摩擦阻尼、黏弹性阻尼和硬涂层阻尼的国内外研究现状、研究方法;第 2 章介绍了叶根摩擦阻尼的叶片振动分析方法;第 3 章介绍了带有榫连摩擦阻尼的叶片振动特性的有限元分析方法与实验;第 4 章介绍了叶根摩擦阻尼对盘片组合结构固有特性的影响及其接触状态仿真;第 5 章介绍了基于复模量本构关系的叶片-黏弹性阻尼块的动力学特性分析方法;第 6 章介绍了基于实验测试的黏弹性材料复合结构的有限元方法的确认,为第 7 章的研究做铺垫;第 7 章介绍了叶根带有黏弹性阻尼块的叶片的有限元分析方法;第 8 章介绍了基于改进的 Oberst 复合层梁弯曲理论的叶片-硬涂层阻尼减振的有效性分析;第 9 章介绍了基于实验测试的直板叶片-硬涂层振动分析的有限元方法的确认,为第 10 章的研究做铺垫;第 10 章介绍了叶片-硬涂层振动有限元分析及其减振有效性分析,详细研究了硬涂层材料特性(如弹性模量、损耗因子、厚度和涂覆位置)对叶片固有频率和振动响应的影响。

　　本书得到了国家自然科学基金项目(编号:11502227)的支持。本书由王娇副教授、张曰浩实验师、于涛教授和韩清凯教授共同完成。此外,作者所在课题组高培鑫博士、袁超等也参加了部分内容的整理工作。由于笔者水平有限,书中难免存在一些疏漏和不妥之处,敬请读者批评指正。

著　者

2018 年 10 月 17 日

目　　录

① 绪 论

1.1 研 究 目 的

叶片是燃气轮机等重要叶轮机械的关键部件。目前,叶片的设计制造已经达到较高的水平,低阶共振所导致的低周疲劳失效或可能的颤振失效基本可以避免。但是,在很多情况下,由多种复杂原因所导致的叶片振动还是不可避免的,在高振动应力水平下的叶片高周疲劳破坏是目前最常发生因而是最迫切的现实问题[1]。因此,如何减小叶片在工作过程中的振动,提高叶片抗高周疲劳能力,是目前重要的研究课题。

针对叶片的减振问题,目前通常采用的方法主要有叶片的叶根缘板阻尼、榫头-轮盘榫槽的榫连部位接触和摩擦阻尼,以及叶片凸肩或叶冠摩擦冲击阻尼等类型[2]。其中第一类,对于采用叶根缘板阻尼的叶片,由于缘板金属摩擦阻尼的作用,可以有效地减小叶片的振动,应力下降明显,在工程上得到了很好的应用。对于第二类和第三类,榫头-轮盘榫槽的榫连部位接触和摩擦阻尼、叶片凸肩或叶冠摩擦冲击阻尼,是公认的叶片阻尼机制,在设计制造合理,具有合理的接触、摩擦或冲击参数时,可以实现叶片整体阻尼的提高,达到减振的目的。

近年来,人们还研究并提出了多种叶片的阻尼减振技术。主要有:叶根添加黏弹性阻尼块,以有效地抑制叶片振动,改善榫连部位抗振动疲劳的能力;在叶身上施加阻尼涂层,在提高抗冲刷能力的同时,该涂层还有较好的阻尼能力,进而增加叶片整体的阻尼系数。这些新技术已经在工程中得到了初步的应用[3]。

因此,本书针对叶片减振的工程需求,研究叶片主要的三类阻尼减振机理,即叶片叶根处榫头-榫槽的榫连接触和摩擦阻尼机理对叶片振动特性的影响,叶根处施加黏弹性阻尼材料对叶片振动特性的影响和减振效果，在叶身上施加新型阻尼硬涂层对叶片振动特性的影响和减振效果。这三类阻尼的创新性机理研究，将为叶片阻尼的工程设计提供理论与方法的支持，对解决叶片较宽频带范围内的抗高周疲劳问题具有重要意义。

1.2　国内外研究现状

1.2.1　榫连接触干摩擦阻尼的研究现状

利用接触面间的干摩擦增加叶片系统结构阻尼是降低叶片振动水平、减小叶片高周疲劳损伤的一种有效途径，因此设计具有较好减振能力的干摩擦阻尼新结构，建立干摩擦力的力学和数学模型以及进行相关的动力学分析，是叶片开发和研究中的一项重要工作[4]。

目前，高速叶轮机械叶片采用干摩擦减振阻尼结构的主要有叶根摩擦阻尼[5]、叶根缘板阻尼[6,7]、叶身凸肩（凸台）阻尼[8]、叶身叶冠阻尼[9,10]等，如图1.1所示。这几种阻尼形式的基本原理是相似的，即在叶片振动过程中上述阻尼结构接触面一般都存在摩擦阻尼，通过摩擦作用，使振动的机械能转换为热能散发于周围介质中，以耗散机械能产生阻尼，从而达到避免共振、抑制颤振、减小振动的目的。大展弦比长叶片为了避开颤振和共振，通常采用部分凸肩（常用于压气机叶片）和叶冠（常用于涡轮叶片）。

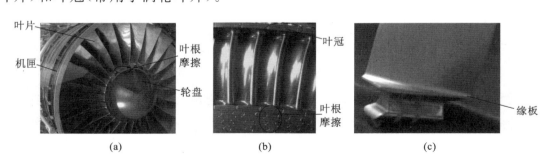

图 1.1　叶轮机盘片组合结构中不同摩擦接触类型

(a)叶根摩擦阻尼(榫连结构)；(b)叶冠结构；(c)叶根缘板结构

叶片的叶根与轮缘的接触部分也可以为叶片提供相互滑动的摩擦面。研究表明，叶根处的摩擦在轮盘转速比较低的时候对叶片的阻尼贡献比较大，而在轮盘转速比较高的时候，叶根处的摩擦对叶片的阻尼贡献就比较小。这是因为，当轮盘转速比较低的时候，叶片的离心力比较小，叶根与轮缘之间的接触压力也就比较小。叶片在振动时，叶根与轮缘之间比较容易产生相互摩擦滑动，对叶片振动起到比较大的阻尼作用。而当发动机转速逐渐上升时，叶片的离心力也逐渐变大，叶根与轮缘之间的接触力也变大，叶根与轮缘之间的滑动就比较困难。这时，叶根处的摩擦就变得比较薄弱。

Rao J S[5]通过实验研究了自由叶片的阻尼比与汽轮机转速之间的定量关系。研究结果表明，各阶模态曲线中，随着转速的上升，叶片的阻尼比呈减小的趋势，特别是在转速为 400r/min 时，叶片的阻尼比有一个突降，书中称其为阈值。这个阈值就是叶根与轮缘之间的锁定值，即由于较大的离心力，叶根与轮缘之间的滑动摩擦被"制动"的速度。剩余的阻尼主要是叶片的材料阻尼，而在阈值之前，叶片的阻尼主要是叶根与轮缘之间的摩擦阻尼。

为了准确地描述干摩擦阻尼结构摩擦接触面的力学特征，很多学者开展了关于干摩擦阻尼模型的研究。用来描述接触面上作用的干摩擦力的数学模型主要有两种：库仑摩擦模型和滞后弹簧摩擦模型。国内外学者很早就开展了对库仑摩擦模型的研究，其中，Denhartog 最早采用库仑摩擦模型研究结构动力学行为，获得了单自由度振荡器稳态运动的精确解[11]。文献[12,13]采用上述方法研究两自由度系统，文献[14,15]研究多自由度系统，在这些文献中，采用宏观滑动模型来描述接触面。宏观滑动模型是一种单点接触模型，它假设接触面上所有点的变形及压力都是均匀的，接触面内所有接触点同时滑动或黏滞，所有点的运动状况可以通过一个点来描述。在法向压力较小或者接触面积较小的情况下，应用这种模型对接触面进行简化往往可以得到较好的结果，模型比较简单，计算量小，因此被许多人所采用。库仑摩擦模型是建立在一种理想的干摩擦情况下的模型。考虑到实际情况中干摩擦接触面两端的变形不是突然发生的，当外力小于干摩擦力时，接触面的两端仍然有变形，即有较大的相对位移，因为接触点本身具有一定的弹性，所以接触面上的干摩擦力仍然不是常数，它是随着振幅的加大而缓慢上升的。因此，人们提出了滞后弹簧摩擦模型以计入这种在接触面产生相对滑动之前的变形。

对于干摩擦接触面滑动状态的表征，目前有整体滑动与部分滑动两种数学模型,它们是根据接触面内变形分布特点来描述接触面摩擦机理。整体滑动模型又称宏观滑动模型,它假定接触区内各点在各方向上的受力和变形是均匀分布的,即各接触点的法向压力、接触刚度相同,在相同切向力的作用下将产生相同的弹性变形,同时达到摩擦力的临界值而产生滑动。因此,在这种模型条件下,整个接触面可以用一个接触点的状态来描述。这种模型相对简单和理想化,不能准确地描述真实的摩擦过程。它与实际情况存在着以下差异:法向压力在接触区内一般来说是不均匀分布的,不同接触位置的法向压力存在着较大的区别;接触区各点的切向力并不相同;法向压力很大的情况下,整体滑动模型认为不存在摩擦阻尼,而实际上接触区边缘存在滑动区,这部分滑动也将产生阻尼;整体滑动模型将整个摩擦面的受力简化为单个接触点的摩擦力,因此忽略了摩擦力矩。但是,整体滑动模型计算方便,在结构动力响应的求解中被广泛采用。

众多学者基于宏观滑动模型对带干摩擦阻尼结构进行研究。Yang 等人采用库仑摩擦定律和宏观滑动模型研究了楔形阻尼器干摩擦接触界面相互间的黏滞、滑移等状态之间的过渡和转换,及干摩擦力的数学描述[6]。Chen 等人采用宏观滑动三维围带接触模型研究了带围带叶片的周期响应,指出由于干摩擦力非线性的影响,叶片的周期响应呈现跳跃现象[16]。徐自力等人采用考虑静摩擦力、动摩擦力差别的宏观滑动迟滞模型对 5 片成组叶片的振动响应进行了计算[17]。丁千和谭海波将滞后摩擦力分为四个线性阶段,得到各阶段上的线性振动系统,给出了求解干摩擦阻尼叶片周期响应的解析公式[18]。

干摩擦阻尼属于接触动力学分析,与几何非线性问题和材料非线性问题不同,它属于复杂的边界状态非线性问题。接触状态取决于叶片的振动,而叶片的振动轨迹事先无法确定,必须在响应计算过程中迭代求解接触非线性力。干摩擦阻尼系统振动响应的求解有解析法和数值解法,数值解法主要包括时域法和频域法两大类。

由于非线性力的存在,只有极个别的简单模型可求得解析解。文献[17]研究了一个描述干摩擦阻尼器叶片振动的质量-弹簧-阻尼器振动系统,结果表明,阻尼端压力取适当值时,阻尼器会处于最优的摩擦接触状态,获得较好的减振效果,同时引进的阻尼器还改变了叶片整体等效刚度,对叶片不但起到了调谐的作用,也起到了使激振频率避开共振频率,减小振动幅值的作用。

对于需要进行细致分析的情况,由于在复杂的非线性接触运动的一个振动周期内接触面可能存在黏滞、滑动甚至分离的各种接触状态,解析法无法应用于包含复杂接触运动的摩擦结构。此时,干摩擦阻尼系统振动响应的求解只能依赖于数值解法。

时域法是通过对振动微分方程进行时间数值积分确定系统响应的一种方法。常用的方法包括 Newmark 法、wilson-θ 法及 Runge-Kutta 法,该方法可以跟踪系统响应时间历程。为了能够准确反映摩擦面黏滞状态与滑动状态之间的转换,需要在状态转换点附近采用较小的时间步长以保证计算的准确性。时域法的优点是只要时间步长选择合适,总可以保证计算结果达到较高的精度,且对问题所涉及的非线性程度没有限制。该方法的主要缺点是需要大量的计算时间,因此该方法一般只用于检验其他算法的准确性[19,20]。钟万勰提出了精细积分法,针对系统传递矩阵的具体特点,建立了一套指数矩阵的计算方法,理论上已经证明这种算法具有精度高、计算过程稳定等优点。

对于强非线性系统来说,谐波平衡法是一种常用的求解响应的方法,用谐波平衡法列出方程后一般采用牛顿迭代法求解,对于干摩擦阻尼系统来说,谐波平衡法的方程阶数过大,不利于牛顿迭代法的进一步求解,而采用精确积分法可降低方程的阶数,使计算变得简便。范天宇采用宏观滑动迟滞模型描述干摩擦力,建立了带干摩擦阻尼器系统单自由度及两自由度力学模型;分别运用 Fourier 级数展开法、增量谐波平衡法和精细积分法对模型进行求解,比较了其各自的优缺点:与 Fourier 级数展开法相比,增量谐波平衡法结果略小但收敛性更强,计算过程对初值的依赖性更小;而精细积分法结果基本吻合但工作量要大幅减少[21]。文献[22]使用增量谐波平衡法和精细积分法对单自由度干摩擦阻尼系统模型进行了响应求解,与使用四阶 Runge-Kutta 数值积分法结果比较,吻合良好。文献[23]采用频域和时域混合方法求解带环形阻尼的失谐叶盘的动力学方程,使用黏滞滑移模型去表征接触面。文献[24]使用谐波平衡法研究摩擦系数和法向力对盘片结构的振动响应的影响,并且通过实验验证结果的正确性。

具体到叶片榫连部位的接触摩擦分析,由于处于动态接触和复杂的热、气以及振动环境中,其接触状态受许多因素的影响,接触部位的应力应变情况十分复杂。国内外学者对榫连部位的接触状态和边界条件的研究已经比较深入。Boddington 等进行了二维榫连部位的弹性分析,主要研究了有限元法应用于 Amonton 摩擦定律的可行性,并提出了解决此问题的方法[25]。Kenny 等应用有限元法研究了二维榫连部位的接触应力,并将光弹性结果和有限元结果进行了对比[26]。Papanikos[27]、Meguid[28] 等也采用有限元法进行了二维榫连部位的接触分析。对于三维榫连部位的接触分析，部分学者考虑接触面网格密度对接触分析的影响进行了大量的研究。Papanikos 等进行了三维榫连部位的弹性分析，只是考虑了几何参数（接触区长度、接触面倾角、榫头圆角半径等）和摩擦系数对接触应力的影响趋势，没有考虑网格密度对接触区边缘存在高应力梯度的影响[29]。为了解决此问题，Beisheim 等采用子模型法求解三维榫连部位，得到了接触面上的接触应力[30]。Sinclair 等研究榫连部位由于接触边存在高应力梯度和摩擦引起非线性等特点，需要在接触边区域采用细网格。他们提出了采用子模型解决由于接触区域网格的细化而导致的计算效率低的难点，并指出不同模型接触应力计算结果之间的误差在 5％ 以下时，即认为计算收敛[31]。魏大盛等对燕尾形榫连部位的接触应力进行了深入分析，准确计算了高应力梯度位置的接触应力分布，并探讨了网格密度对计算结果的影响，改善了以往针对榫连部位分析时计算结果精度较低的情况[32]。魏大盛等针对燕尾形榫连部位的接触应力分布进行了研究，探讨了接触面角度、长度、接触区边缘圆角半径以及接触面的几何形式，重点研究了圆弧/直线几何形式下的接触应力分布，并讨论了其几何参数对接触区应力改善的作用[33]。除了研究几何参数和摩擦系数对接触分析的影响外，Anandavel 等研究了载荷和榫槽倾斜角对榫连部位接触分析的影响。研究表明，为了加深对接触面微动磨损的理解，榫连部位的接触分析应考虑斜榫槽的倾斜角和载荷的作用[34]。文献[35]采用有限元法求解弹性体的接触问题，此方法不受特殊几何形状和各向异性材料的影响。文献[36]采用数值方法研究缘板摩擦阻尼器对叶片共振幅值的影响，结果表明，存在能够有效降低叶片的振动幅值的最优摩擦系数。文献[37]采用数值方法研究接触摩擦对盘片结构非线性响应的影响。

然而，目前对于榫连部位接触特性对叶片的振动特性影响的实验研究很少，实验多为榫连部位的疲劳实验，原因在于实验中很难看到接触区域，想得到接触面上有效的实验值是非常困难的。Papanikos 等对榫连部位进行了实验分析，主要采用光弹性实验技术有效地得到了榫连部位接触边区域的应力结果，并与仿真结果进行了验证。研究表明，此种技术可以有效地观察大多数的结构区域[27]。Rajasekaran、Nowell 对榫连部位进行了疲劳实验，采用半解析法分析榫连部位，准确估算粗糙网格有限元模型的表面外力和内部应力；并且将此方法应用于分析二轴疲劳实验，准确模拟了榫连部位承受的离心载荷、盘扩展力和叶片振动的边界条件。研究结果表明，高摩擦系数更可能导致故障的发生，预测与实验得到了一致的结果[38]。Nowell 等利用实验研究了复杂的接触载荷对微动损伤，特别是对微动疲劳的影响。研究结果表明：微动疲劳寿命主要与切向力的大小和由喷丸加工导致的残余应力有关[39]。夏青元对三种载荷作用下的榫连部位模型进行了微动疲劳实验,并对低周载荷作用下的燕尾榫连部位进行了微动疲劳寿命的预测,预测结果与实验结果的对比验证了预测方法的有效性[40]。文献[41-43]对榫连部位进行了疲劳可靠性实验,研究了燕尾榫结构微动疲劳寿命可靠性分析方法,建立了微动疲劳寿命预测模型,并与实验数据对比验证了所建立的寿命可靠性模型的正确性。文献[44]设计了缘板阻尼器的实验装置去研究叶片的非线性特性。

由此可见,目前对干摩擦阻尼技术的研究已经比较深入,在理论和实践方面都取得了不少成果。然而,传统干摩擦阻尼理论研究较少考虑接触面接触压力的变化对叶片振动特性的影响,多将接触法向力作为常值进行简化处理。此外,对于榫连部位接触特性对叶片的振动特性影响的实验研究较少,实验多为榫连部位的疲劳实验。因此,本书将针对榫连部位的接触分析接触面接触压力的分布、边界条件对叶片固有特性和响应的影响,并结合实验以用于振动分析的研究。

1.2.2 叶根黏弹性阻尼的研究现状

黏弹性材料的高阻尼特性能在相当宽的频带内起到抑制叶片振动和噪声的作用[45,46]。黏弹性阻尼材料其减振的机理主要靠聚合物的内耗来实现振动能的耗散,内耗越大,阻尼性能越好,但内耗不能无限地提高。影响聚合物内耗最主要的是温度和频率,每种黏弹性阻尼材料都有各自的最佳工作温度范围和最佳频率范围[47]。近年来,利用黏弹性材料来提高构件的阻尼能力、改善构件的动态特性得到了人们的高度重视,特别是已经应用到航空发动机的薄壁构件,包括压气机叶片、轮盘、鼓筒等高速旋转的关键构件[48-51]。现有研究表明,具有突出高阻尼性能的黏弹性材料,可以有效地实现构件的减振,进而提高构件抗振动疲劳能力。将其黏附于叶片榫连结构上构成阻尼层后,它会随着构件的振动发生周期性的拉伸变形,这样其应力和应变之间的相位差就能够耗散结构能量,抑制叶片的振动,因而具有极高的工程价值。

具体针对叶片结构的黏弹性阻尼减振技术,出现的黏弹性阻尼结构已经在叶轮机叶片等关键构件上得到应用。邓剑波、朱梓根等采用悬臂梁根部加金属橡胶块来模拟叶片减振,利用实验证明金属橡胶阻尼材料的有效性[52]。李宏新、黄致建、张力等研究黏弹性橡胶阻尼器抑制带凸肩风扇工作叶片共振的新途径,研究表明,根部橡胶阻尼器减振结构对叶片榫头出现最大振动应力的振型的抑制效果非常明显[53]。文献[48]研究黏弹性约束层阻尼提高航空发动机盘片一体结构的阻尼,改变其固有频率,并通过实验测试和数值分析,验证黏弹性材料的阻尼性能受到温度的影响。文献[54]提出了为满足叶片摆动量要求在榫头底面涂覆尼龙胶,可使叶片自振频率有较大幅度的下降,但是不规则的尼龙胶和不规范的装配过程所引起的非正常接触容易导致微动磨损的加剧,造成榫头断裂故障。Kocatürk[55]研究基础激励作用下带有弹性支承的悬臂梁的稳态响应。采用拉格朗日方程建立动力学方程,获得前两阶固有频率,其结果与欧拉梁理论获得的结果进行比较。该研究考虑了黏弹性阻尼和刚度参数对其稳态响应的影响,但是未考虑摩擦对弹性支承作用下悬臂梁稳态响应的影响,亦不考虑转速的影响,将悬臂梁根部固定。Wang与Inman[56]研究发现黏弹性材料具有刚度和阻尼的频率依赖性并且影响复合结构的固有频率和响应。Rafiee等对旋转复合梁和叶片的动力学特性与振动控制方面做了研究综述[1]。文献[57,58]重点阐述了旋转梁和叶片的主动控制方法,文献[59]详细介绍了被动控制方法。Hosseini等开展了非线性弹性支承作用下黏弹性压电复合梁在外激励作用下非线性强迫响应解析解的研究。其中梁应用欧拉梁理论,黏弹性材料采用 Kelvin-Voigt 模型,采用Hamilton 原理建立动力学方程,考虑非线性弹性刚度、压电阻尼、黏弹性阻尼对结构非线性强迫响应的影响[60]。Min 等采用压电材料进行主动控制以减小叶片的振动,并通过实验和有限元仿真验证结果的正确性[61]。

因此,采用叶片榫头底面施加黏弹性材料作为榫连结构新的减振措施,可以有效地避免构件的振动疲劳,同时还有利于改善表面质量,以及有效地抵抗外物引起的冲击、磨损和侵蚀等。但是,相关的振动理论在叶根施加黏弹性材料的榫连结构的非线性动力学模型及数学模型方面尚不完善。结构在施加黏弹性阻尼材料后,刚度和阻尼都会显著增加,黏弹性阻尼结构的动力特性计算主要是求解加入黏弹性阻尼材料后的刚度和阻尼。对于复合结构的动力学分析,目前主要有模态应变能法[62]、复特征值法、直接响应频率法。Rao 等用残余变形梁单元分析了具有初应力的约束阻尼层梁,用直接频率响应技术和模态应变能方法求解损耗因子[63]。Rikards 用复特征值法和近似能量法进行了夹层梁、板的振动和阻尼分析[64]。Ravi 等用模态叠加法研究了梁局部或全部敷设自由阻尼层和约束阻尼层的动力响应[65]。陈彦明等主要采用的是模态应变能法,应用 ANSYS 软件对局部被动约束阻尼梁结构进行了研究,提取各个模态下各层应变能,求出损耗因子[66]。

王蔓等采用子空间迭代法和精细积分对敷设黏弹性阻尼层的含损伤复合材料加筋板结构进行了频率和动力响应分析。对层合板和层合梁采用了 Adams 应变能法与 Raleigh 阻尼模型相结合的阻尼矩阵构造方法,对表面黏弹性阻尼材料则考虑了材料性质和耗散系数对激振频率与温度的依赖性,建立了频率相关黏弹性材料阻尼矩阵的计算方法[67]。

Zhang 等基于 ANSYS 软件采用模态应变能法研究带有黏弹性材料复合梁的阻尼特性,并研究了复合层的敷设角度、黏弹性层的位置对损耗因子和复合梁固有频率的影响[68]。此外,文献[69]中采用求解复合结构的特征值和特征向量的迭代法,先求得无阻尼静态系统的特征值和特征向量,再通过迭代法求得刚度和阻尼随频率变化的复合板结构的固有频率和损耗因子,并与经典的模态应变能法进行了比较,证明了该方法的正确性。

1.2.3 硬涂层阻尼的研究现状

涂层技术(Coating Technology)是通过对结构表面进行优化,提高材料表面性能,实现结构性能的大幅提高。采用涂层技术,一方面可以提高和革新传统材料的工程应用,另一方面可以综合形成先进新材料结构(例如:智能材料、功能梯度材料等),提高材料和结构的寿命,增加材料和结构的适用范围。涂层技术是目前公认的工程材料学科中十分重要的关键技术之一,广泛应用于航空、航天、制造、电子、光学,以及信息、计算机、生物工程等众多领域。

涂层技术涉及面很宽,涂层材料和涂层结构包括很多种类。在机械工程中,利用涂层技术可以以极少量的材料赋予零件和构件表面耐磨损、耐腐蚀、耐疲劳、耐辐射,以及光、热、电、磁等特殊性能,起到大量昂贵的整体材料所难以实现的作用。性能优异且满足特殊功能需要的涂层结构,是目前研究的热点,有着广阔的发展前景。其中,硬涂层(Hard Coating)通常是指金属基和陶瓷基涂层,区别于软质的有机高分子涂层,其主要用于机械结构件的抗高温(热障涂层)、抗摩擦、抗冲刷、抗振动(阻尼涂层)等。近年来,利用硬涂层来提高构件的阻尼能力、改善构件的动态特性得到了人们的高度重视。采用硬涂层(特别是阻尼涂层)可以有效地避免关键结构件因振动而引起的早期疲劳,同时还有利于改善表面质量以及有效抵抗外物引起的冲击、磨损和侵蚀等。硬涂层在许多重要场合起到了独特的关键性作用,也是目前国际上材料与工程学科以及力学、机械等领域的研究热点[3]。

　　硬涂层结构一般由层状薄膜与基体组成。虽然其基体为典型的各向同性弹性介质，其涂层多为各向异性甚至为磁-电-弹的多场耦合材料，每层都具有不同厚度和不同的物理性质。层与层之间通过界（表）面相互作用，以达到较好的结构阻尼与强度。目前工程中常见的硬涂层材料主要分为三类：Fe-Cr-Al/Mo 的金属基涂层、MgO＋Al_2O_3 的陶瓷基涂层[70,71]，以及前两者的复合型，如 NiCrAlY-Al_2O_3 涂层、Sn-Cr-MgO[72]涂层等。硬涂层结构的制备工艺主要有两类，即空气等离子喷涂（Air Plasma Spray，APS）和物理气相沉积（Physical Vacuum Deposit，PVD）。

　　硬涂层结构的重要特点和工程意义在于，它不但具有良好的表面光洁性能，而且在保证硬涂层结构具有良好的硬度、强度，以及附着性和韧性等综合力学性能、机械性能的同时，能改善某些关键结构件的动力学特性，特别是大幅度提高其阻尼能力[73]。

　　硬涂层其减振的机理来源于涂层颗粒之间的内部摩擦。谢菲尔德大学和劳斯莱斯公司通过实验测试验证了硬涂层减振机理的正确性[74]。通过实验观察到镁铝尖晶石涂层的能量耗散来自粉末颗粒之间的摩擦[75]。

　　在涂层技术领域，几十年前就有国外学者开展了针对金属基和陶瓷基及其他材料的硬涂层结构的研究[76]，结果表明，某些涂层材料结构具有良好的力学、机械性能，特别是其具有独特的动力学特性及所期待的高阻尼能力，因而对诸如叶片等关键结构件的改进具有重要价值[77]。

　　对于类似于硬涂层结构的硬度高、厚度薄的多层材料结构，人们已经进行了大量的研究，通过分析、测试对比，获得所需要的硬度、弹性模量、附着力和断裂韧性等综合力学性能、机械性能，这些重要力学性能、机械性能指标的测试和检验已经有一些方法，如 Nanoidentor 压痕法等[78]。

　　随着研究的深入和制备水平的提高，近年来出现的金属基阻尼涂层和陶瓷基涂层已经在叶片等关键结构件上得到应用[72,77]。Shen 等在钛合金叶片上沉积厚度为叶片 2％～10％的 Fe-Cr-铁磁性合金涂层，实验结果表明，该涂层明显提高了叶片在不同频率和振动模式下的阻尼性能，降低了振动应力[79]。Blackwell 等利用实验对 MgO＋Al_2O_3 涂层薄板进行测试，发现该硬涂层对薄板的二阶弯曲和四阶弦振模态的影响十分明显，既造成频率的偏移，也使得振型幅度大为降低[70]。Ivancic 的实验和理论分析表明，在钛合金板上增加的 MgO＋Al_2O_3 陶瓷基阻尼涂层，其阻尼特性具有振型而不是频率的依赖性，涂层使得整个构件在高应力水平下也具有相同的疲劳寿命[71]。Torvik 等研究发现硬涂层有效地降低了叶片的振幅。硬涂层复合材料结构存在软式非线性,即其固有频率随着激振力幅的增大而减小,损耗因子也随着激振力幅的改变而改变。并进一步得出结论:阻尼特性表现出应变依赖性,并且具有振型而不是频率的依赖性[80]。总的来看,国内外对于硬涂层结构的动力学特性研究相对较少,但是却有十分迫切的需求[72,73,79]。

目前对于硬涂层结构的动力学分析方法主要有两种:解析法和有限元法。解析法包括能量法、复刚度法和传递矩阵法。

能量法也叫应变能法,结构损耗因子是指结构振动所耗散能量与总机械能(或应变能)之比。应变能法涉及材料或者结构的总阻尼、各子系统的阻尼,以及储存在该子系统总应变能的分量。任何阻尼系统的损耗因子都可表示为各个系统的损耗因子与所存储应变能百分比的乘积之和。能量法将阻尼系统的结构损耗因子用结构耗散能和总弹性变形能的比值来表示,最直接而明确地表达了阻尼和减振作用的密切联系,适用于复杂结构,或有几种阻尼耗能方式掺和的结构,只要做能量分析,就可得到确切的计算结果。Shen 研究铁磁性硬涂层在梁和叶片上的阻尼减振应用,在理论分析中采用能量法求解带有涂层梁的解析模型[79]。

复刚度法是把涂覆阻尼材料的梁、板或其他结构看作是具有复刚度(用复数表示的弯曲刚度)的结构,它的结构损耗因子是复刚度的虚部和实部之比,大多数附加阻尼结构主要经受弯曲振动。最初的研究者如 Oberst 对自由阻尼结构的分析即是按照这一基本思想进行的。文献[81]采用修正的 Oberst 梁理论求解复模量,与传统的 Oberst 梁方法相比,其优势为:一是涂层材料参数的特性可以在任意频率下获得,二是涂层材料不需要全部覆盖基层。

传递矩阵法,也称为状态空间法或状态向量法,具有结构清晰、易于编制程序、计算效率高等特点。对于复合层结构分析,传递矩阵法是一种非常有用的方法。在复合层结构的动力学分析中,该方法已经得到应用[82,83]。文献[84-86]采用传递矩阵法研究磁-电-弹多层板的振动问题,此方法同样用于其他复合层结构的研究。

模态分析法及有限元分析法将结构损耗因子定义为附件阻尼层中的模态应变能的耗能与总的结构变形能之比。在使用此种方法分析时,最主要的是按实际结构建立数学模型并以此为根据进行分析计算。按各阶模态的能量分布计算出阻尼值,再转换成结构参数,这样就可以从动态设计的最优观点出发来处理结构的阻尼问题。这种方法进一步分析了各阶模态的结构损耗因子,适用于结构的动态分析与能量分析,以及结构的动态设计与优化。

综上所述,关于硬涂层的研究,在理论研究方面,针对诸如压电层合结构之类的复合层板结构已经建立了多种简化模型[87-89],或采用有限元法[90,91]分析这类复合层板结构的静力学、动力学方面的问题[92,93]。本书采用改进的 Oberst 梁理论进行硬涂层-叶片的解析分析,采用 ANSYS 有限元法进行压电压磁硬涂层-叶片的数值仿真分析,并结合实验相互对比,相互验证。

1.3　本书主要研究内容

本书针对叶片阻尼结构的振动抑制问题,采用叶片叶根处榫头-榫槽的榫连接触和摩擦阻尼、叶根处施加黏弹性阻尼材料、在叶身上施加新型阻尼硬涂层等三类阻尼减振机理,研究其对叶片振动特性的影响和减振效果。主要包括以下几个方面的内容:

(1) 针对叶片叶根处榫头-榫槽的榫连接触和摩擦阻尼的理论解析问题,本书研究了考虑叶根接触摩擦阻尼的旋转叶片的动力学分析,建立了叶片叶根处榫头-榫槽的榫连接触和摩擦的力学模型,采用牛顿力学方法建立了离心力作用下叶片叶根处榫头-榫槽的榫连接触和摩擦的动力学方程,并考虑了分布周期气动载荷和内部阻尼。使用 Galerkin 法对叶根榫连摩擦的叶片系统的动力学方程进行离散。采用数值法获得叶根榫头-榫槽榫连接触模型的强迫振动响应分析。研究法向接触刚度、法向接触阻尼、转速对叶片固有特性的影响,并绘制 Campbell 图。

(2) 针对叶片叶根处榫头-榫槽的榫连接触和摩擦阻尼的数值仿真和实验研究,利用有限元接触分析方法与实验进行叶片叶根处榫头-榫槽的榫连接触和摩擦阻尼的振动分析。详细地介绍了接触问题有限元分析方法的基本原理;基于实验测试结果对带有榫连摩擦阻尼时的叶片振动分析模型进行确认,进而计算摩擦系数不同时叶片的固有特性,通过实验获得相同激振力与不同预紧力作用下的叶片的固有频率,验证数值仿真结果的合理性;对带有榫连摩擦阻尼的叶片进行谐响应分析,并通过实验获得相同预紧力与不同激振力作用下的叶片的振动幅值。

(3) 针对叶片叶根处榫头-榫槽的榫连接触和摩擦阻尼的数值仿真研究,引入轮盘,研究带有榫连摩擦阻尼的盘片组合结构(叶片-盘结构)的固有特性分析和接触分析的有限元计算方法;对比分析叶片榫头与轮盘榫槽在固支边界条件下和带有榫连摩擦阻尼的边界条件下对盘片组合结构固有特性的影响,绘制出各自的 Campbell 图;考察不同摩擦系数对叶根处榫头-榫槽接触面上接触压力和滑动距离的影响。

(4)针对叶根处施加黏弹性阻尼块的解析分析方法研究,基于复模量模型表征黏弹性材料的本构关系,建立叶片-黏弹性阻尼块系统的动力学特性分析模型,采用牛顿力学方法建立叶片-黏弹性阻尼块系统的动力学方程,采用 Galerkin 方法对叶片-黏弹性阻尼块系统的动力学方程进行离散,采用复特征值法对叶片-黏弹性阻尼块系统进行固有频率、损耗因子计算以及响应求解,并给出了其频域响应的表达式。为了验证理论解析方法的合理性,基于实验数据对某叶片模型进行模化,将其简化成悬臂梁,并给出前三阶固有频率对应的模化参数。分析了黏弹性阻尼块参数(如:厚度、储能模量、损耗因子)和旋转角速度对叶片-黏弹性阻尼块系统的影响,并绘制 Campbell 图。

(5)针对黏弹性复合结构的有限元分析方法的研究,详细地介绍了黏弹性材料的本构关系,包括积分型标准力学模型、广义 Maxwell 模型、应力松弛函数的 Prony 级数、复常数模量模型、频变复模量模型、分数导数模型和指数模型,重点阐述了上述模型在有限元中的实施。采用模态应变能获得黏弹性材料复合层梁的固有频率和损耗因子。为了验证复合层梁的建模和求解方法的合理性,对涂覆黏弹性材料的梁进行了实验测试。

(6)针对叶根带有黏弹性阻尼块的有限元分析方法的研究,采用复常量模型来表征添加在叶片根部的黏弹性材料,基于模态应变能法获得叶根带有黏弹性阻尼块的叶片固有频率和损耗因子,采用谐响应分析方法获得叶根带有黏弹性阻尼块的振动响应、振动应力和模态应变能,并通过实验验证结果的正确性。

(7)针对叶片-硬涂层阻尼减振的解析问题的研究,基于改进的 Oberst 复合层梁弯曲理论建立叶片-硬涂层阻尼减振的解析模型。获得叶片-硬涂层等效材料参数的理论公式,并建立了基于悬臂梁模型的叶片-硬涂层的动力学方程,采用 Galerkin 方法获得叶片-硬涂层的前三阶固有频率和基础激励作用下的稳态响应。创建简单的梁模型进行涂覆硬涂层前后的固有频率和基础激励作用下的稳态响应的数值仿真计算。通过硬涂层-梁结构的实验验证硬涂层-梁仿真分析方法的有效性和叶片-硬涂层等效参数理论公式的合理性。

(8)针对叶片-硬涂层阻尼减振的实验测试的研究,使用振动台对直板叶片-硬涂层进行固有频率和共振响应测试,采用有限元软件 ANSYS 对涂覆硬涂层前后的直板叶片进行模态分析和谐响应分析,并与实验测试结果进行对比,验证数值仿真方法和硬涂层阻尼减振的有效性。

(9) 针对叶片-硬涂层阻尼减振的数值仿真的研究,基于涂层叶片的有限元模型,分析了硬涂层(厚度、弹性模量、损耗因子)、涂覆位置对叶片动力学特性与谐响应的影响规律。通过实验验证采用真实的叶片-硬涂层的有限元建模方法和求解结果的正确性。

2 考虑叶根摩擦阻尼的叶片振动分析

叶片受到复杂的载荷作用(包括离心力、气动力等),使叶根处产生较严重的应力集中,叶片容易因动应力过大而导致损坏。利用叶根接触面间的摩擦阻尼增加系统的结构阻尼,是降低叶片振动水平、减小叶片高周疲劳损伤的一种简单而有效的途径,因此设计具有较好减振能力的干摩擦阻尼结构,建立干摩擦力的力学和数学模型,以及进行相关的振动分析,是叶片开发和研究中的一项重要工作。本章首先建立了叶片叶根处榫头-榫槽的榫连接触的简化力学模型,模型由质量、弹簧和阻尼器构成,阻尼器摩擦力采用宏观滑动摩擦模型,推导出接触摩擦的数学表达式。然后,建立了离心力作用下考虑叶根摩擦阻尼的叶片的运动方程,考虑了分布周期气动载荷和内部阻尼。使用 Galerkin 法获得了三自由度接触摩擦模型。最后,采用数值法对接触摩擦模型进行了强迫振动响应分析。

2.1　考虑叶根摩擦阻尼的叶片简化力学模型

将考虑叶根摩擦的叶片进行简化,视其为一个悬臂梁结构。如图 2.1(a)所示为盘片组合结构,由叶片和轮盘组成。图 2.1 所示的考虑叶根摩擦阻尼的盘片组合结构示意图,其中 $OXYZ$ 为整体坐标系,O 点为盘片组合结构的轮盘中心,且以角速度 Ω 绕 Z 轴旋转。对于某盘片组合结构,取出其中一个叶片,建立局部坐标系 $oxyz$,原点 o 为叶根底部,R 为 Oo 距离。

将叶片前三阶固有频率作为等效目标,可以将叶片简化为一个悬臂梁,如图 2.2 所示。叶片简化为悬臂梁模型后的几何和材料参数分别为:密度 ρ、弹性模量 E、泊松比 μ、长度 L_0、宽度 B、厚度 H、横截面面积 A。在局部坐标系 $oxyz$ 中定义叶片简化悬臂梁的受力与变形量。如图 2.2 所示,叶片沿 x、y、z 方向的位移分量分别

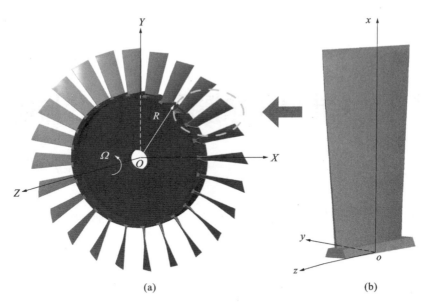

图 2.1 考虑叶根摩擦阻尼的盘片组合结构示意图

(a) 盘片组合结构;(b) 叶片模型

为 $u(x,t)$、$v(x,t)$ 和 $w(x,t)$。叶片受到的载荷有:均布作用于叶片压力面的周期气动载荷 $F_a(t)$、离心载荷 P,榫头榫槽接触面上的正压力 F_{N1}、F_{N2} 及摩擦力 F_{f1}、F_{f2},其中,F_{f1} 和 F_{N1} 作用在叶根榫头的另一侧,与 F_{f2} 和 F_{N2} 的作用方向对称,故图 2.2 中仅显示 F_{f2}、F_{N2}。

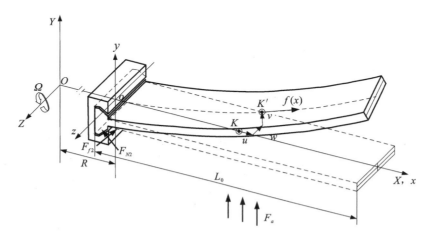

图 2.2 考虑叶根接触摩擦的悬臂梁模型示意图

采用弹簧和黏性阻尼器来描述榫头榫槽法向压力 F_{N1} 和 F_{N2},采用库仑摩擦模型来描述榫头榫槽干摩擦力 F_{f1} 和 F_{f2}。以 F_{N2}、F_{f2} 为例,叶根接触作用力模型如图 2.3 所示。图中 $d_{n2}(t)$ 表示接触面间法向的位移，$d_{t2}(t)$ 表示接触面摩擦力在切向产生的位移。设榫头榫槽间始终接触，且法线方向不发生变化[94]。

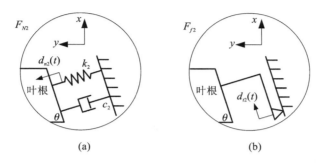

图 2.3　叶根接触作用力模型

(a) 法向压力模型；(b) 摩擦力模型

燕尾形榫槽底角（bottom angle）为 θ，叶片横向位移为 $v(x,t)$。作用于叶根上的正压力可表示为

$$F_{N1} = k_1 v_c \sin\theta + c_1 \dot{v}_c \sin\theta \tag{2.1a}$$

$$F_{N2} = -k_2 v_c \sin\theta - c_2 \dot{v}_c \sin\theta \tag{2.1b}$$

式中，$v_c = v(L_c,t)$ 为接触力作用处的位移，L_c 为接触作用力集中作用点距原点的距离。

榫头榫槽间摩擦力为

$$F_{f1} = \mu F_{N1} \operatorname{sgn}\dot{v}_c \tag{2.2a}$$

$$F_{f2} = \mu F_{N2} \operatorname{sgn}\dot{v}_c \tag{2.2b}$$

将力在 y 方向上做分解，有：

$$F_{Ny} = -F_{N1}\sin\theta + F_{N2}\sin\theta = \sin^2\theta[(-k_1-k_2)v_c + (-c_1-c_2)\dot{v}_c] \tag{2.3a}$$

$$F_{fy} = -F_{f1}\cos\theta - F_{f2}\cos\theta = \mu\sin\theta\cos\theta\operatorname{sgn}\dot{v}_c[(-k_1+k_2)v_c + (-c_1+c_2)\dot{v}_c] \tag{2.3b}$$

则对叶片横向振动产生的接触力为

$$
\begin{aligned}
F_{cy} &= F_{Ny} + F_{fy} \\
&= [\mu\sin\theta\cos\theta\operatorname{sgn}\dot{v}_c - \sin^2\theta](k_2 v_c + c_2\dot{v}_c) \\
&\quad - [\mu\sin\theta\cos\theta\operatorname{sgn}\dot{v}_c + \sin^2\theta](k_1 v_c + c_1\dot{v}_c)
\end{aligned} \tag{2.4}
$$

2.2 考虑叶根摩擦阻尼的叶片运动方程

2.2.1 叶片运动方程

现采用牛顿力学方法建立叶根接触摩擦 - 叶片系统的运动控制方程。为建立有效的叶根接触摩擦 - 叶片系统的动力学模型,本章计算采用如下假设[95-96]:

① 叶根接触摩擦 - 叶片简化悬臂梁的横向振动为微振动。

② 叶片的横截面和所有有关截面形状的几何参数在面内保持不变。

③ 叶根接触摩擦 - 叶片简化悬臂梁在变形前垂直于中性轴的截面在变形后仍为平面,且垂直于该轴线,剪切、扭转和翘曲效应不计。即基于 Euler-Bernoulli 梁假设。

④ 不考虑叶片自身周围介质阻尼和材料内部阻尼对振动的影响。

⑤ 不考虑 Coriolis 效应。忽略悬臂梁的纵向位移 u 和沿转轴方向的位移 w。

考察悬臂梁微元体 $\mathrm{d}x$ 中轴上的一点 K,变形后移动到了 K' 点,如图 2.2 所示。微元体 $\mathrm{d}x$ 在惯性坐标系 $OXYZ$ 的位置向量 $\boldsymbol{r}_O$ 表示为

$$\boldsymbol{r}_O = (R+x)\boldsymbol{i} + v(x,t)\boldsymbol{j} \tag{2.5}$$

式中,$\boldsymbol{i}$、$\boldsymbol{j}$ 分别为沿叶片 OX、OY 轴的单位向量。

则微元体 $\mathrm{d}x$ 的惯性速度向量 $\boldsymbol{v}_a$ 与加速度向量 $\boldsymbol{a}_a$ 可表示为

$$\left.\begin{aligned} \boldsymbol{v}_a &= v_x\boldsymbol{i} + v_y\boldsymbol{j} \\ \boldsymbol{a}_a &= a_x\boldsymbol{i} + a_y\boldsymbol{j} \end{aligned}\right\} \tag{2.6}$$

其中,

$$\left.\begin{aligned} v_x &= -v(x,t)\Omega \\ v_y &= (R+x)\Omega + \frac{\partial v(x,t)}{\partial t} \end{aligned}\right\} \tag{2.7}$$

$$\left.\begin{aligned} a_x &= -\Omega^2(R+x) - 2\Omega\frac{\partial v(x,t)}{\partial t} \\ a_y &= \frac{\partial v^2(x,t)}{\partial t^2} - \Omega^2 v(x,t) \end{aligned}\right\} \tag{2.8}$$

根据牛顿力学原理建立叶根接触摩擦的叶片的运动控制方程[97],在叶根接触

摩擦－叶片简化悬臂梁（下文简称悬臂梁）的 x 处取一微元体 $\mathrm{d}x$，其受力分析如图 2.4 所示。作用于该微元体上的力分别有横截面上作用的剪力 $Q(x,t)$、轴向离心载荷 $f(x)$、气动载荷 $F_a(t)$、弯矩 $M(x,t)$，变形量分别为 $\dfrac{\partial Q(x,t)}{\partial x}\mathrm{d}x$、$\mathrm{d}f(x)$、$\mathrm{d}F_a(t)$、$\mathrm{d}M(x,t)$。

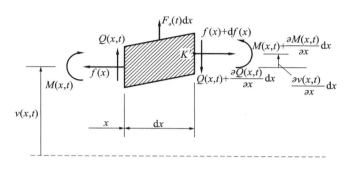

图 2.4 叶片微元体的力学原理图

根据微元体的力和力矩平衡关系建立方程。

（1）力平衡关系

根据假设，只考虑叶片系统的横向振动。因此考虑 y 方向的力平衡，这时引入作用于叶片根部的接触摩擦力，得到横向振动位移 $v(x,t)$ 与各横向力之间的关系式

$$Q(x,t)-\left[Q(x,t)+\frac{\partial Q(x,t)}{\partial x}\mathrm{d}x\right]+F_a(t)\mathrm{d}x+F_{cy}D(x-L_c)\mathrm{d}x=\rho A\mathrm{d}xa_y$$

(2.9)

式中，ρ 为密度；A 为横截面面积；$Q(x,t)$ 为横截面上作用的剪力；$D(x-L_c)$ 为作用在叶片根部的黏弹性力；$F_a(t)$ 为前级静子叶片尾流激振产生的均布于叶片压力面的气动载荷，为

$$F_a(t)=F_{a0}\cos(jN\Omega t),\quad j=1,2,3\cdots \tag{2.10}$$

式中，F_{a0} 为气动力幅值；j 为谐振力阶次；N 为上游叶栅排叶片数目或失速团数目；Ω 为转动角速度。

$D(x-L_c)$ 为 Dirac 函数，满足 $D(x)=\begin{cases}+\infty,&x=0\\0,&x\neq 0\end{cases}$ 且 $\displaystyle\int_{-\infty}^{+\infty}D(x)\mathrm{d}x=1$。

将 $a_y=\dfrac{\partial v^2(x,t)}{\partial t^2}-\Omega^2 v(x,t)$ 代入式（2.9），并将方程除以 $\mathrm{d}x$，得到

$$\frac{\partial Q(x,t)}{\partial x}=-\rho A\,\frac{\partial v^2(x,t)}{\partial t^2}+\rho A\Omega^2 v(x,t)+F_a(t)+F_{cy}D(x-L_c) \tag{2.11}$$

（2）转动平衡关系

对微元体中性轴上 K' 点取力矩平衡，得到微元体的转动方程为

$$\left(M(x,t)+\frac{\partial M(x,t)}{\partial x}\mathrm{d}x\right)-M(x,t)-Q(x,t)\mathrm{d}x-f(x)\frac{\partial v(x,t)}{\partial x}\mathrm{d}x-F_a(t)\mathrm{d}x\frac{\mathrm{d}x}{2}=0$$

$$(2.12)$$

式中，$f(x)$ 为轴向离心载荷，如下式

$$f(x)=\int_x^L \rho A\Omega^2(R+x)\mathrm{d}x=-\frac{1}{2}\rho A\Omega^2(x-L)(x+2R+L) \quad (2.13)$$

略去包含 $\mathrm{d}x$ 的二次项，将式（2.12）简化为

$$Q(x,t)=\frac{\partial M(x,t)}{\partial x}-f(x)\frac{\partial v(x,t)}{\partial x} \quad (2.14)$$

（3）综合方程

由力矩曲率关系可知，根据前文所述的假设 ①，在小变形情况下，弯矩和挠度有如下关系

$$M(x,t)=EI\frac{\partial^2 v(x,t)}{\partial x^2} \quad (2.15)$$

将式（2.14）和式（2.15）代入式（2.11），得到基于悬臂梁假设的、考虑叶根接触摩擦作用的叶片的横向振动微分方程为

$$EI\frac{\partial^4 v(x,t)}{\partial x^4}+\rho A\frac{\partial^2 v(x,t)}{\partial t^2}+\frac{1}{2}\rho A\Omega^2(x-L)(x+2R+L)\frac{\partial^2 v(x,t)}{\partial x^2}+$$

$$\rho A\Omega^2(x+R)\frac{\partial v(x,t)}{\partial x}-\rho A\Omega^2 v(x,t)-F_{cy}D(x-L_c)=F_a(t)$$

$$(2.16)$$

2.2.2　求解方法

（1）Galerkin 离散

采用 Galerkin 方法对叶根接触摩擦的叶片系统的动力学方程式（2.16）进行离散，然后进行求解。

在给定悬臂边界条件下，设该系统的固有频率为 ω_i，相应的振型函数为 $\phi_i(x)$，引入广义坐标 $q_i(t)$，可将式（2.16）的解 $v(x,t)$ 设为

$$v(x,t)=\sum_{i=1}^n \phi_i(x)q_i(t) \quad (2.17)$$

式中，n 为截取阶次，取前 n 阶模态。

由悬臂梁假设，特征函数为

$$\phi_i(x) = \cosh\frac{\lambda_i}{L}x - \cos\frac{\lambda_i}{L}x - \frac{\cosh\lambda_i + \cos\lambda_i}{\sinh\lambda_i + \sin\lambda_i}\left(\sinh\frac{\lambda_i}{L}x - \sin\frac{\lambda_i}{L}x\right) \quad (2.18)$$

式中，λ_i 为特征值，满足 $\cos\lambda_i\cosh\lambda_i + 1 = 0$；$L$ 为梁长度，$L = L_0$。

由振型函数的正交性，$\displaystyle\int_0^L \phi_i(x)\phi_k(x)\mathrm{d}x = \begin{cases} 0 & (k \neq i) \\ L & (k = i) \end{cases}$，$\displaystyle\int_0^L \phi_i^{(4)}(x)\phi_k(x)\mathrm{d}x = \begin{cases} 0 & (k \neq i) \\ \dfrac{\lambda_i^4}{L^3} & (k = i) \end{cases}$，可对原系统方程进行离散。将式（2.10）、式（2.4）、式（2.17）代入式（2.16），将方程两边同时乘以 $\phi_k(x)$，并对 x 在整个区间 $[0, L]$ 上进行积分，得

$$EI\sum_{i=1}^{n}q_i(t)d_1 + \rho A\sum_{i=1}^{n}\ddot{q}_i(t)d_2 + \frac{1}{2}\rho A\Omega^2\sum_{i=1}^{n}q_i(t)d_3 + \rho A\Omega^2\sum_{i=1}^{n}q_i(t)d_4 - \rho A\Omega^2\sum_{i=1}^{n}q_i(t)d_2 +$$

$$\left\{\mu\sin\theta\cos\theta\,\mathrm{sgn}\left[\sum_{i=1}^{n}\phi_i(L_c)\dot{q}_i(t)\right](k_2 - k_1) - \sin^2\theta(k_1 + k_2)\right\}\sum_{i=1}^{n}q_i(t)d_5 -$$

$$\left\{\mu\sin\theta\cos\theta\,\mathrm{sgn}\left[\sum_{i=1}^{n}\phi_i(L_c)\dot{q}_i(t)\right](c_2 - c_1) - \sin^2\theta(c_1 + c_2)\right\}\sum_{i=1}^{n}\dot{q}_i(t)d_5$$

$$= \int_0^L F_{a0}\phi_k(x)\cos(jN\Omega t)\mathrm{d}x \quad (k = 1, 2, \cdots, n)$$

$$(2.19)$$

式中，$d_1 = \displaystyle\int_0^L \phi_i^{(4)}(x)\phi_k(x)\mathrm{d}x$；$d_2 = \displaystyle\int_0^L \phi_i(x)\phi_k(x)\mathrm{d}x$；$d_3 = \displaystyle\int_0^L (x - L)(x + 2R + L)\phi_i^{(2)}(x)\phi_k(x)\mathrm{d}x$；$d_4 = \displaystyle\int_0^L (x + R)\phi_i^{(1)}(x)\phi_k(x)\mathrm{d}x$；$d_5 = \displaystyle\int_0^L \phi_i(L_c)\phi_k(x)D(x - L_c)\mathrm{d}x$。其中，$\phi_i^{(m)}(x) = \dfrac{\mathrm{d}^m\phi_i(x)}{\mathrm{d}x}$，表示振型函数对 x 的 m 阶导数。

式（2.19）可以写成如下矩阵形式

$$\boldsymbol{M}\ddot{\boldsymbol{q}}(t) + \boldsymbol{C}\dot{\boldsymbol{q}}(t) + \boldsymbol{K}\boldsymbol{q}(t) = \boldsymbol{F}(t) \quad (2.20)$$

式中，$\boldsymbol{q}(t) = \{q_1(t) \ \cdots \ q_n(t)\}^{\mathrm{T}}$ 为广义坐标下的位移向量；$\boldsymbol{M} = \rho AL\,\mathrm{diag}(1, 1, \cdots, 1)_{n\times n}$ 是质量矩阵；$\boldsymbol{K} = \boldsymbol{K}_e + \boldsymbol{K}_c + \boldsymbol{K}_{\mathrm{con}}$ 为叶片系统的刚度矩阵，具有非对称的特点；$\boldsymbol{C} = \boldsymbol{C}_r + \boldsymbol{C}_{\mathrm{con}}$ 为叶根摩擦阻尼叶片系统的阻尼矩阵；$\boldsymbol{F}(t)$ 为对应于广义坐标 $\boldsymbol{q}(t)$ 的外载荷向量。

在 $\boldsymbol{K}$ 刚度矩阵中，$\boldsymbol{K}_e$ 为弹性刚度矩阵，$\boldsymbol{K}_c$ 为离心刚度矩阵，$\boldsymbol{K}_{\mathrm{con}}$ 为接触刚度矩

阵,其表达式分别为式(2.21)—式(2.23)。$\boldsymbol{C}_{\mathrm{con}}$ 为接触阻尼矩阵,其表达式为式(2.24)。$\boldsymbol{F}(t)$ 的表达式为式(2.25)。

$$\boldsymbol{K}_e = \frac{EI}{L^3}\mathrm{diag}(\lambda_1^4,\lambda_2^4,\cdots,\lambda_n^4)_{n\times n} \tag{2.21}$$

$$\boldsymbol{K}_c = \frac{1}{2}\rho A\Omega^2 \begin{bmatrix} \int_0^L (x-L)(x+2R+L)\phi_1^{(2)}(x)\phi_1(x)\mathrm{d}x & \cdots & \int_0^L (x-L)(x+2R+L)\phi_1^{(2)}(x)\phi_n(x)\mathrm{d}x \\ \vdots & & \vdots \\ \int_0^L (x-L)(x+2R+L)\phi_n^{(2)}(x)\phi_1(x)\mathrm{d}x & \cdots & \int_0^L (x-L)(x+2R+L)\phi_n^{(2)}(x)\phi_n(x)\mathrm{d}x \end{bmatrix}_{n\times n} +$$

$$\rho A\Omega^2 \begin{bmatrix} \int_0^L (x+R)\phi_1^{(1)}(x)\phi_1(x)\mathrm{d}x & \cdots & \int_0^L (x+R)\phi_1^{(1)}(x)\phi_n(x)\mathrm{d}x \\ \vdots & & \vdots \\ \int_0^L (x+R)\phi_n^{(1)}(x)\phi_1(x)\mathrm{d}x & \cdots & \int_0^L (x+R)\phi_n^{(1)}(x)\phi_n(x)\mathrm{d}x \end{bmatrix}_{n\times n} -$$

$$\rho A\Omega^2 L\mathrm{diag}(1,1,\cdots,1)_{n\times n} \tag{2.22}$$

$$\boldsymbol{K}_{\mathrm{con}} = \left\{ \mu\sin\theta\cos\theta\,\mathrm{sgn}\Big[\sum_{i=1}^n \phi_i(L_c)q_i(t)\Big](k_2-k_1) - \sin^2\theta(k_1+k_2) \right\} \cdot$$
$$\mathrm{diag}(\phi_1^2(L_c),\phi_2^2(L_c),\cdots,\phi_n^2(L_c))_{n\times n} \tag{2.23}$$

在阻尼矩阵中,$\boldsymbol{C}_r = \alpha\boldsymbol{M}+\beta\boldsymbol{K}_e$ 为比例阻尼形式的系统结构阻尼,比例系数 $\alpha = 2\dfrac{\left(\dfrac{\xi_2}{\omega_2}-\dfrac{\xi_1}{\omega_1}\right)}{\left(\dfrac{1}{\omega_2^2}-\dfrac{1}{\omega_1^2}\right)}$、$\beta = 2\dfrac{(\xi_2\omega_2-\xi_1\omega_1)}{(\omega_2^2-\omega_1^2)}$ 可以通过测定结构的模态阻尼比经计算得到。其中,ξ_1、ξ_2 为第 1 阶、第 2 阶模态阻尼比,ω_1、ω_2 为叶片的第 1 阶、第 2 阶弯曲固有圆频率。

$$\boldsymbol{C}_{\mathrm{con}} = \left\{ \mu\sin\theta\cos\theta\,\mathrm{sgn}\Big[\sum_{i=1}^n \phi_i(L_c)\dot{q}_i(t)\Big](c_2-c_1) - \sin^2\theta(c_1+c_2) \right\} \cdot$$
$$\mathrm{diag}(\phi_1^2(L_c),\phi_2^2(L_c),\cdots,\phi_n^2(L_c))_{n\times n} \tag{2.24}$$

$$\boldsymbol{F}(t) = F_{a0}\cos(jN\Omega t)\Big[\int_0^L \phi_1(x)\mathrm{d}x, \int_0^L \phi_2(x)\mathrm{d}x, \cdots, \int_0^L \phi_n(x)\mathrm{d}x\Big]^{\mathrm{T}} \tag{2.25}$$

（2）响应求解

可通过数值方法对振动微分方程式(2.20)进行求解,得到广义坐标下的响应 $q_i(t)$,将其转化成物理坐标,则得到物理坐标系下的频域响应

$$v(x_0,t) = \boldsymbol{\phi}(x_0)\boldsymbol{q}(t) \tag{2.26}$$

式中，x_0 为提取响应处距原点 o 的高度，满足 $0 \leqslant x_0 \leqslant L$，叶根处 $x_0 = 0$，叶尖处 $x_0 = L$；根据式(2.18)，$\boldsymbol{\phi}(x_0) = \{\phi_1(x_0) \quad \phi_2(x_0) \quad \cdots \quad \phi_n(x_0)\}^{\mathrm{T}}$ 为 x_0 处的振型函数向量。

2.3　算例分析

对某叶片进行考虑叶根摩擦阻尼的叶片振动分析，在分析过程中，引入叶片弱的系统阻尼，重点研究叶根接触摩擦对叶片的响应特性的影响。接触参数主要有法向接触刚度、法向接触阻尼和摩擦系数。同时，研究转速对考虑叶根接触摩擦的叶片的固有特性的影响，并绘制 Campbell 图。设前级静子叶片数目 $N=36$，谐振次数 $j=1$，轮盘半径为叶片长度的倍数，即 $R=1.2L$。为与静止态实验数据对照，将转速设置为 0，在研究转速对考虑叶根接触摩擦的叶片的固有频率的影响时，设转速范围为 $0\sim60000$ r/min。叶片简化时，只取其前 3 阶模态($n=3$)进行截断，即式(2.20)中 $\boldsymbol{M}$ 和 $\boldsymbol{K}$ 矩阵的维数为 3。采用实测的方法对叶片结构进行材料和几何参数的确认。叶片的材料参数如表 2.1 所示，考虑叶根接触摩擦的接触参数如表 2.2 所示。

表 2.1　叶片的材料参数

	材料	弹性模量(Pa)	泊松比	密度(kg/m³)	质量(g)
叶片	1Cr11Ni2W2MoV	214×10^9	0.3	7800	166.6

表 2.2　叶根接触摩擦的接触参数

接触刚度(N/m)	接触阻尼(N·s/m)	摩擦系数	叶根榫槽底角
10^7	40	0.3	70°

使用振动台对叶片进行 10 N·m、30 N·m 和 50 N·m 不同预紧力下的固有特性测试，并在所得各阶固有频率处对叶片进行 $0.5\sim2.5$ g 的定频激励，获得共振响应。采用自由振动衰减的包络线法获得某一激振频率下的模态阻尼比，采用激光测振仪拾取叶片响应数据，本实验的装置简图如图 2.5 所示。

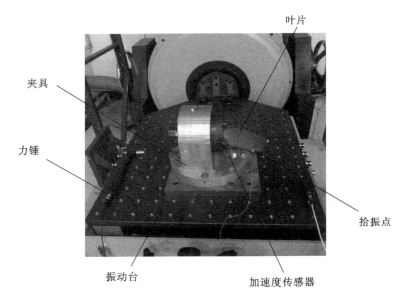

图 2.5　实验装置简图

本章中的理论分析主要采用预紧力为 30 N·m 时获得的实验数据,如表 2.3 所示。通过实验数据,采用比例阻尼计算考虑叶根接触摩擦的叶片系统的阻尼。

表 2.3　实验测得的叶片的固有频率及模态阻尼比

阶次	振型	固有频率(Hz)	模态阻尼比(%)
1	一弯	253.25	0.0954
2	一弯	1011.75	0.0818
3	一扭	1189.50	0.0242

对叶片前 3 阶固有频率相一致的情况进行模型简化,得到叶片简化成悬臂梁时的几何参数。首先利用悬臂梁固有频率计算公式

$$\omega_i = \frac{\lambda_i^2}{L^2}\sqrt{\frac{EI}{\rho A}} = \frac{\lambda_i^2 H}{L^2}\sqrt{\frac{E}{12\rho}}$$

式中,ω_i 取模态实验所测得的叶片的圆频率。

取叶片模化悬臂梁宽度 B 为叶片宽度测量值均值,即 $B=45.6$ mm,再取叶片模化悬臂梁长度 L 为实测叶片高度,$L=130$ mm,进而得到悬臂梁厚度 H。所得到的叶片前 3 阶悬臂梁模型模化的几何参数如表 2.4 所示。

表 2.4　叶片简化为悬臂梁时的几何参数（mm）

模化阶次	长度 L	宽度 B	厚度 H
1	130	45.6	5.07
2	130	45.6	3.22
3	130	45.6	1.35

2.3.1　系统响应特性

对静止态下的考虑叶根接触摩擦的叶片进行响应计算，并与测试数据对照。以均布气动载荷模拟激振能量，并分别将激振能量改变为 $0.5\,g$、$1\,g$、$1.5\,g$、$2\,g$ 和 $2.5\,g$，以第 1 阶模化参数对应的计算结果为例，说明考虑有无接触摩擦对叶片振动幅值的影响，第 1 阶模化参数对应的考虑有无接触摩擦时叶片振动幅值的数值仿真数据如表 2.5 所示，不同激振力下对应的考虑有无接触摩擦时叶片叶尖处的幅频曲线如图 2.6 所示。

表 2.5　考虑有无接触摩擦时叶片振动幅值的对比（mm）

激振能量	$0.5\,g$	$1\,g$	$1.5\,g$	$2\,g$	$2.5\,g$
考虑摩擦（A）	0.0133777	0.0267554	0.0802661	0.3210644	1.6053222
不考虑摩擦（B）	0.0133155	0.0265074	0.0791529	0.3151414	1.5683912
差值 $\dfrac{\lvert B-A \rvert}{B}$（%）	0.4671248	0.9355878	1.4063919	1.8794738	2.3547059

由表 2.5 和图 2.6 可以看出，在相同激振能量的情况下，叶片的一阶振动幅值比其他阶次的振动幅值大；以一阶叶片的振动为例，在激振能量为 $0.5\,g$ 时，考虑接触摩擦的叶片的振动幅值比光叶片的振动幅值下降了 0.47%，说明接触摩擦对叶片的减振有一定的效果。激振能量越大，减振效果越明显。

为了更好地验证数值仿真的正确性，实验结果和数值仿真结果如表 2.6 所示，在考虑接触摩擦后，仿真值和实验值分别下降了 0.46% 和 0.28%，降幅趋势相同，但是数值存在一个数量级的误差，产生误差的主要原因在于实验采用的是基础激励，而数值仿真采用的是气动激励，激励方式不同，对结果造成了误差。

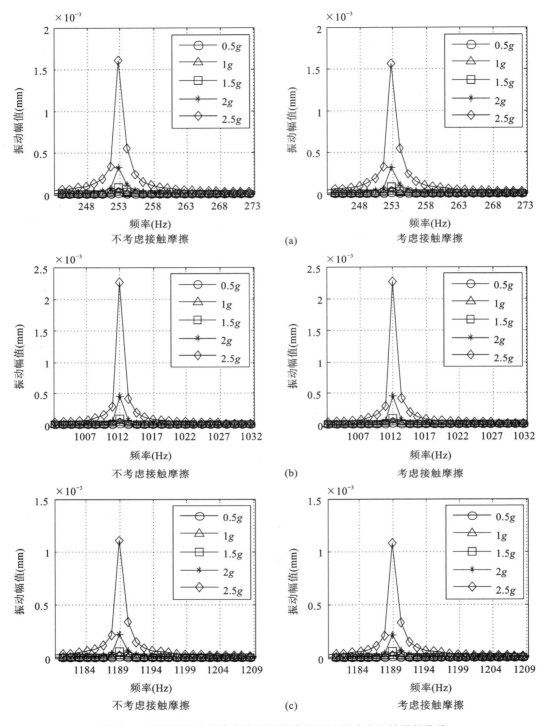

图 2.6　不同激振力下考虑有无接触摩擦时叶片叶尖处的幅频曲线

（a）第 1 阶；（b）第 2 阶；（c）第 3 阶

表 2.6　考虑有无接触摩擦时叶片振动幅值的仿真值和实验值(mm)

激振能量	仿真值		实验值	
0.5 g	不考虑摩擦	0.0133777	10 N·m	0.3596
	考虑摩擦	0.0133155	50 N·m	0.3586
	差异率(%)	0.4649529	差异率(%)	0.2781

2.3.2　接触参数对系统响应特性的影响

本节研究叶根接触区的法向接触刚度、法向接触阻尼等对结构系统的响应特性的影响,考虑上述参数在一定范围内的变化对系统响应特性的影响,接触参数的变化范围如表 2.7 所示。

表 2.7　接触参数的变化范围

接触刚度(N/m)	接触阻尼(N·s/m)
$10^4 \sim 10^8$	$10 \sim 90$

(1) 法向接触刚度的影响

假定叶片榫头与叶盘榫槽间法向接触刚度从 10^4 N/m 变化至 10^8 N/m,其余参数仍取表 2.2 中参数。图 2.7 中给出了叶片系统的共振响应幅值随法向接触刚度变化的结果。

由图 2.7 可以看出,考虑接触面的法向接触刚度使叶片的振动幅值发生变化,结果表明,叶片各阶共振响应幅值随法向接触刚度的增大而增大,但是对叶片各阶的共振响应幅值的影响甚微。

(2) 法向接触阻尼的影响

假定叶片榫头与叶盘榫槽间法向接触阻尼从 10 N·s/m 变化至 90 N·s/m,其余参数仍取表 2.2 中参数。图 2.8 中给出了叶片系统的共振响应幅值随法向接触阻尼变化的结果。

如图 2.8 所示,由一定条件下计算的结果可知,随着接触区法向接触阻尼的变化,叶片的各阶共振响应幅值变化较小。

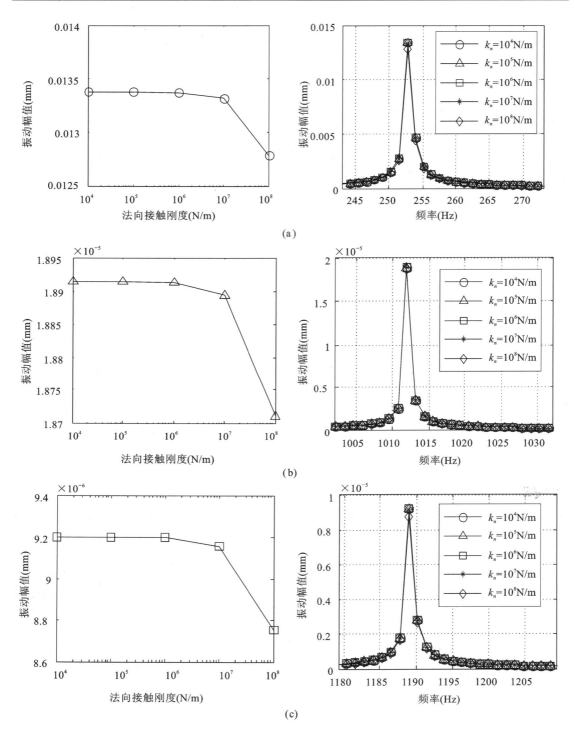

图 2.7　接触面不同法向接触刚度对叶片的振动幅值的影响

(a) 第 1 阶;(b) 第 2 阶;(c) 第 3 阶

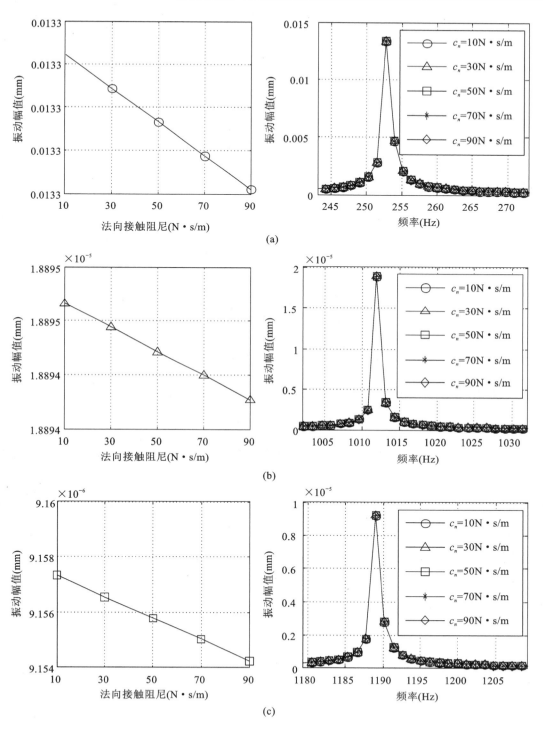

图 2.8 接触面不同法向接触阻尼对叶片的振动幅值的影响

（a）第 1 阶；（b）第 2 阶；（c）第 3 阶

2.3.3　转速对系统固有频率的影响

改变转速（0～60000 r/min），得到不同转速条件下考虑叶根接触摩擦的叶片的固有频率，并绘制 Campbell 图，如图 2.9 所示。

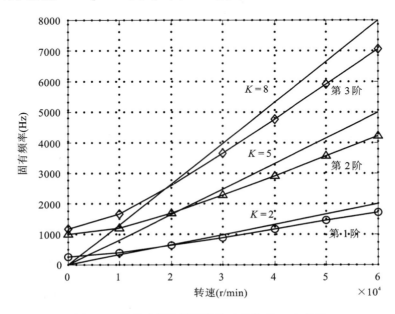

图 2.9　考虑叶根接触摩擦的叶片的 Campbell 图

由图 2.9 可以看出，当考虑叶根接触摩擦的叶片的工作转速范围在 10000 r/min 左右时，其第 2 阶频率曲线与激振频率线 $K=8$ 相交，容易发生共振。当考虑叶根接触摩擦的叶片的工作转速范围在 10000～20000r/min 时，其第 1 阶频率曲线与激振频率线 $K=2$ 相交，容易发生共振。当考虑叶根接触摩擦的叶片的工作转速范围在 20000 r/min 左右时，其第 2 阶频率曲线与激振频率线 $K=5$ 相交，其第 3 阶频率曲线与激振频率线 $K=8$ 相交，容易发生共振。

3 带有榫连摩擦阻尼的叶片振动特性的有限元分析与实验

叶片的榫头和轮盘榫槽(即榫连结构)在接触状态下工作,由于接触和可能存在的微动摩擦效应,可以产生阻尼机制,起到避免叶片共振或者颤振、减小振动的作用。榫连摩擦阻尼的机理主要是由于摩擦而使得叶片振动机械能转换为热能并散发于周围介质中,是一种系统阻尼。在以往的研究中,人们多将叶片和轮盘当作一体[82],忽略了榫连结构之间的摩擦阻尼而对叶片进行振动问题的分析,使得叶片的预测频率失真,造成设计参数的不佳选择[83]。因此,必须考虑榫连摩擦阻尼对叶片的振动特性的影响。

本章利用有限元接触分析技术进行叶片榫连摩擦阻尼的振动分析,并与实际叶片在不同榫连状态下的振动测试相对比。首先,详细介绍了接触问题有限元分析方法的基本原理,包括弹性接触问题的力学特性和采用 ANSYS 软件进行接触分析的单元特性。然后,基于实验测试结果对带有摩擦阻尼的叶片振动分析模型进行确认,进而计算摩擦系数不同时叶片的固有特性;通过实验获得相同激振力、不同预紧力矩下的叶片的振动幅值,验证摩擦阻尼可有效地降低叶片的振动幅值。最后,对不同榫连摩擦阻尼时的叶片进行谐响应分析,并通过实验获得相同预紧力矩、不同激振力下的叶片的振动幅值。

3.1　叶片榫连结构特征

在进行叶片摩擦阻尼结构的振动分析时,需要将叶片与轮盘当作一个具有接触特性的动力耦合系统,在考虑榫连摩擦阻尼的情况下研究其整体的振动特性,给出叶片摩擦阻尼结构固有特性的有限元计算分析方法,对比叶根榫头与轮盘榫槽摩擦阻尼对叶片结构固有特性的影响。如图 3.1 所示为叶片叶根榫连结构实物图。

图 3.1　叶片叶根榫连结构

3.2　接触问题有限元分析的基本原理

3.2.1　弹性接触问题的力学特性

对于两弹性球体之间的接触问题,作如下定义,从如下几个方面加以说明[98]。

（1）接触变形几何关系

以两个弹性球体之间的接触为例加以说明。如图 3.2 所示,两个半径分别为 R_1、R_2 的球体,O 为接触点,O_1O_2 为公法线。

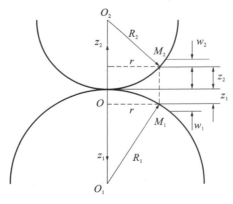

图 3.2　两个弹性球体之间的接触示意图

M_1、M_2 两个点到公法线 O_1O_2 的距离均为 r。这两个点到 O 点公切面的距离分别是 z_1、z_2。z_1、z_2 的近似值为

$$z_1 \approx \frac{r^2}{2R_1}, \quad z_2 \approx \frac{r^2}{2R_2} \tag{3.1}$$

则 M_1、M_2 两点之间的距离为

$$z_1 + z_2 \approx \frac{R_1 + R_2}{2R_1 R_2} r^2 \tag{3.2}$$

M_1 点沿 OO_1 的压缩变形位移量为 w_1,M_2 点沿 OO_2 的压缩变形位移量为 w_2,w_1 和 w_2 都是压缩变形。设 OO_1 和 OO_2 上远离 O 点的两点的应变可忽略不计。而两点之间的间距压缩量为 Δ,则当 M_1 和 M_2 相互靠拢而变成一点时,根据几何关系有

$$\Delta = (z_1 + z_2) + (w_1 + w_2) \tag{3.3}$$

$$w_1 + w_2 = \Delta - (z_1 + z_2) = \Delta - \frac{R_1 + R_2}{2R_1 R_2} r^2 \tag{3.4}$$

当受载发生接触时,接触点 O 附近出现一个边界为圆形的接触区。现以图 3.3 中的圆表示接触面,而 M 点表示下面的球体在接触面上的一点(即变形以前的点 M_1),如图 3.3 所示。由于接触面边界的半径总是小于 R_1、R_2,所以采用半无限体的结果来讨论这种局部变形。设在半径为 a 的圆周面积上,受均布载荷,如图 3.3 所示,圆周边界上的点为 $r = a$,圆内任一点 M 用 θ 角、φ 角来定义。

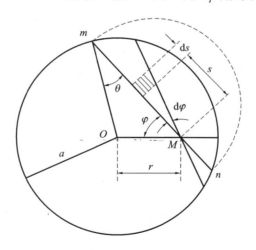

图 3.3　圆周面积受均布载荷示意图

力作用在圆周内部 M 点的垂直位移

$$w \Big|_{r<a} = \frac{1 - \mu^2}{\pi E} \iint q \, \mathrm{d}\varphi \, \mathrm{d}s \tag{3.5}$$

这时,返回到前述两球接触分析中去。对应着 w_1、w_2 的值由式(3.5)加以确定。即

$$w_1 = \frac{1-\mu_1^2}{\pi E_1}\iint q\mathrm{d}\varphi\mathrm{d}s \tag{3.6}$$

$$w_2 = \frac{1-\mu_2^2}{\pi E_2}\iint q\mathrm{d}\varphi\mathrm{d}s \tag{3.7}$$

式中,E_1、E_2、μ_1、μ_2 分别为半径 R_1、R_2 的两个球体的弹性模量和泊松比。

根据式(3.5)— 式(3.7),得

$$w_1 + w_2 = (k_1 + k_2)\iint q\mathrm{d}s\mathrm{d}\varphi \tag{3.8}$$

其中,$k_1 = \frac{1-\mu_1^2}{\pi E_1}$,$k_2 = \frac{1-\mu_2^2}{\pi E_2}$。

并由式(3.8)和式(3.4)可得

$$(k_1 + k_2)\iint q\mathrm{d}s\mathrm{d}\varphi = \Delta - \frac{R_1 + R_2}{2R_1 R_2}r^2 \tag{3.9}$$

其中,q、Δ 都是未知数,需要根据 Hertz 接触理论加以确定。

(2)用于确定接触压力和位移的 Hertz 接触原理

根据 Hertz 接触原理,接触压力分布是按半圆球面计算的,即

$$\iint q\mathrm{d}\varphi\mathrm{d}s = 2\int_0^{\pi/2}\frac{q_{max}}{a}\frac{\pi}{2}(a^2 - r^2\sin^2\varphi)\mathrm{d}\varphi = \frac{\pi^2 q_{max}}{4a}(2a^2 - r^2) \tag{3.10}$$

式中,$q_{max} = \frac{3P}{2\pi a^2}$,为单位接触压力的峰值。

因此,$w_1 + w_2 = \left(\frac{1-\mu_1^2}{\pi E_1} + \frac{1-\mu_2^2}{\pi E_2}\right)\frac{\pi^2 q_{max}}{4a}(2a^2 - r^2)$,再由 $\Delta = (w_1 + w_2) + (z_1 + z_2)$,$z_1 + z_2 = \frac{R_1 + R_2}{2R_1 R_2}r^2$ 可以推导得到

$$\left(\frac{1-\mu_1^2}{\pi E_1} + \frac{1-\mu_2^2}{\pi E_2}\right)\frac{\pi^2 q_{max}}{4a}(2a^2 - r^2) = \Delta - \frac{R_1 + R_2}{2R_1 R_2}r^2 \tag{3.11}$$

由于式(3.11)对于任意 r 都满足,可以分离处理,即

$$\left(\frac{1-\mu_1^2}{\pi E_1} + \frac{1-\mu_2^2}{\pi E_2}\right)\frac{\pi^2 q_{max}}{4a}2a^2 = \Delta \tag{3.12}$$

$$\left(\frac{1-\mu_1^2}{\pi E_1} + \frac{1-\mu_2^2}{\pi E_2}\right)\frac{\pi^2 q_{max}}{4a} = \frac{R_1 + R_2}{2R_1 R_2} \tag{3.13}$$

再引入 $q_{max} = \frac{3P}{2\pi a^2}$,由式(3.13)导出接触区半径 a 为

$$a = \sqrt[3]{\dfrac{3\pi P\left(\dfrac{1-\mu_1^2}{\pi E_1} + \dfrac{1-\mu_2^2}{\pi E_2}\right)R_1 R_2}{4(R_1+R_2)}} \tag{3.14}$$

将式(3.14)代入式(3.12),得

$$\Delta = \sqrt[3]{\dfrac{9\pi^2 P^2\left(\dfrac{1-\mu_1^2}{\pi E_1} + \dfrac{1-\mu_2^2}{\pi E_2}\right)^2 (R_1+R_2)}{16 R_1 R_2}} \tag{3.15}$$

最后确定了 $q_{\max} = \dfrac{3P}{2\pi}\sqrt[3]{\left[\dfrac{4(R_1+R_2)}{3\pi P\left(\dfrac{1-\mu_1^2}{\pi E_1} + \dfrac{1-\mu_2^2}{\pi E_2}\right)R_1 R_2}\right]^2}$。

(3)接触问题的有限元原理

两个物体(Ⅰ和Ⅱ)相互接触后,随着两个物体间接触合力的变化,它们之间的接触面大小、接触处的应力均会发生变化。这些变化不仅与接触面的大小有关,而且与两个物体的各自材料性质有关。即使材料性质是线性弹性的,接触问题仍然表现出强非线性性质。由于表面和边界的不定性,接触问题的求解是一个反复迭代的过程。接触问题的计算分析中,除了考虑上述接触面积变化、接触压力变化因素之外,还有摩擦的作用。

设Ⅰ和Ⅱ的接触表面摩擦服从库仑摩擦定律。对于物体Ⅰ,在接触区接触边界上的单元为 e,根据虚功原理,得

$$\int_{\Omega^e} \boldsymbol{\sigma}^{eT}\delta\boldsymbol{\varepsilon}\,\mathrm{d}\Omega = \int_{\Omega^e} \boldsymbol{P}_v^{eT}\delta\bar{\boldsymbol{u}}^e\,\mathrm{d}\Omega + \int_{\Gamma^e} \boldsymbol{P}_s^{eT}\delta\bar{\boldsymbol{u}}^e\,\mathrm{d}\Gamma + \boldsymbol{R}_i^{eT}\delta\boldsymbol{u}^e \tag{3.16}$$

式中,$\boldsymbol{\sigma}^e$ 为单元内的应力向量,是坐标的函数;$\delta\boldsymbol{\varepsilon}^e$ 是单元内虚应变向量;$\boldsymbol{P}_v^e$、$\boldsymbol{P}_s^e$ 分别为单元的体力向量、面力向量;$\delta\bar{\boldsymbol{u}}^e$ 为单元内虚位移向量;$\delta\boldsymbol{u}^e$ 为单元节点虚位移向量;$\boldsymbol{R}_i^e$ 为单元接触边界上接触力向量;Ω^e 为单元区域;Γ^e 为单元上作用面力的边。

引入形函数矩阵 $\boldsymbol{N}^e$,可知

$$\delta\boldsymbol{u}^{eT}\left(\int_{\Omega^e} \boldsymbol{B}^{eT}\boldsymbol{D}\boldsymbol{B}^e\,\mathrm{d}\Omega\right)\boldsymbol{u}^e = \delta\boldsymbol{u}^{eT}\left(\int_{\Omega^e} \boldsymbol{N}^{eT}\boldsymbol{P}_v^e\,\mathrm{d}\Omega + \int_{\Gamma^e} \boldsymbol{N}^{eT}\boldsymbol{P}_s^e\,\mathrm{d}\Gamma + \boldsymbol{R}_i^e\right) \tag{3.17}$$

式中,$\boldsymbol{B}^e$ 为单元应变矩阵,$\boldsymbol{D}$ 为弹性矩阵,$\boldsymbol{N}^e$ 为单元形函数矩阵。

可以导出单元刚度方程为

$$\boldsymbol{k}^e\boldsymbol{u}^e = \boldsymbol{p}^e + \boldsymbol{R}_i^e \tag{3.18}$$

式中,$\boldsymbol{k}^e$ 为单元刚度矩阵;$\boldsymbol{p}^e$ 为单元载荷向量。

将其他与接触边界无关的单元刚度方程进行组集,最后可得物体Ⅰ的整体刚度方程为

$$\boldsymbol{K}_{\mathrm{I}}\boldsymbol{U}_{\mathrm{I}} = \boldsymbol{P}_{\mathrm{I}} + \boldsymbol{R}_{\mathrm{I}} \tag{3.19}$$

式中，$\boldsymbol{K}_{\mathrm{I}}$ 为物体 I 的整体刚度矩阵；$\boldsymbol{U}_{\mathrm{I}}$ 为物体 I 的整体节点位移矢量；$\boldsymbol{P}_{\mathrm{I}}$ 为物体 I 的整体载荷向量；$\boldsymbol{R}_{\mathrm{I}}$ 为物体 I 受到的整体接触力向量。

同理，物体 II 的刚度方程也可以写成相似的形式

$$\boldsymbol{K}_{\mathrm{II}}\boldsymbol{U}_{\mathrm{II}} = \boldsymbol{P}_{\mathrm{II}} + \boldsymbol{R}_{\mathrm{II}} \tag{3.20}$$

由于接触力 $\boldsymbol{R}_{\mathrm{I}}$、$\boldsymbol{R}_{\mathrm{II}}$ 未知，必须补充对应接触节点对的接触连接条件才能求解上述方程。即需要对接触状态（分离、黏结、滑动）及其相应的补充方程引入 $\boldsymbol{K}_{\mathrm{I}}$ 和 $\boldsymbol{K}_{\mathrm{II}}$、$\boldsymbol{P}_{\mathrm{I}}$ 和 $\boldsymbol{P}_{\mathrm{II}}$ 加以修正才能定解。

设接触边界上有一对接触节点对，它们的坐标相同而编号不同。在这些接触点对间仅有接触力相互作用。对于接触点对 j 和 $j+1$，设有如下相关的刚度方程（以节点具有的水平、垂直两个方向位移自由度为例）

$$
\begin{bmatrix}
\vdots & \vdots & \vdots & & \vdots & \\
0 & \boldsymbol{K}_{bi}^{\mathrm{I}} & \begin{matrix} k_{2j-1,2j-1}^{\mathrm{I}} & k_{2j-1,2j}^{\mathrm{I}} \\ k_{2j,2j-1}^{\mathrm{I}} & k_{2j,2j}^{\mathrm{I}} \end{matrix} & 0 & \\
\boldsymbol{K}_{bi}^{\mathrm{II}} & 0 & 0 & \begin{matrix} k_{2j+1,2j+1}^{\mathrm{II}} & k_{2j+1,2j+2}^{\mathrm{II}} \\ k_{2j+2,2j+1}^{\mathrm{II}} & k_{2j+2,2j+2}^{\mathrm{II}} \end{matrix} & \\
\vdots & \vdots & \vdots & & \vdots &
\end{bmatrix}
\begin{Bmatrix}
\vdots \\ u_{n,j} \\ v_{t,j} \\ u_{n,j+1} \\ v_{t,j+1} \\ \vdots
\end{Bmatrix}
=
\begin{Bmatrix}
\vdots \\ R_{n,j} \\ R_{t,j} \\ R_{n,j+1} \\ R_{t,j+1} \\ \vdots
\end{Bmatrix}
\begin{matrix} \\ \cdots(1) \\ \cdots(2) \\ \cdots(3) \\ \cdots(4) \\ \\ \end{matrix}
$$

$$\tag{3.21}$$

式中，$\boldsymbol{K}_{bi}^{\mathrm{I}}$ 为接触边界节点与物体 I 有关的刚度系数矩阵；$\boldsymbol{K}_{bi}^{\mathrm{II}}$ 为接触边界节点与物体 II 有关的刚度系数矩阵；$R_{n,j}$、$R_{n,j+1}$ 为接触水平力；$R_{t,j}$、$R_{t,j+1}$ 为接触垂直力。

由于 j 和 $j+1$ 节点相互接触，则有如下接触连接关系

$$u_j = u_{j+1} \tag{3.22a}$$

$$R_{n,j} = -R_{n,j+1} \tag{3.22b}$$

$$R_{t,j} = -R_{t,j+1} = 0 \tag{3.22c}$$

对上述刚度矩阵方程式进行处理，采用式(3.21)中的(1)式+(3)式消去 $R_{n,j}$ 和 $R_{n,j+1}$ 的方式，这样处理之后，整个接触系统的方程就可以求解，即求得 u_j、v_j、u_{j+1}、v_{j+1}，进而求得各接触点的节点力。

上述计算过程中，如果出现具有拉力的接触点时，则下次迭代时要修改为分离状态。调整接触状态后，重新形成整体刚度矩阵和载荷向量，重新处理刚度方程，然后求解。这是接触问题的反复迭代过程，直到获得稳定的真实解。

3.2.2 利用 ANSYS 软件进行接触分析的单元特性

进行叶片榫连部位接触分析的叶根和带槽简化轮盘部分，可以采用 ANSYS 软件中的三维实体单元 SOLID186 进行建模。这类单元是高阶的三维 20 节点结构实体单元，采用二次位移插值函数，对不规则形状具有较好的精度，可很好地适应曲线边界。该单元的每个节点有 3 个自由度，即沿节点坐标系 x、y 和 z 方向的平动位移。

叶片和简化轮盘采用 SOLID186 单元建模，叶片共划分了 2580 个单元，轮盘共划分了 1080 个单元，叶片-轮盘共有 18740 个节点、4328 个单元。另外，叶片榫头与轮盘榫槽接触面共划分了 668 个接触单元，如图 3.4 所示。

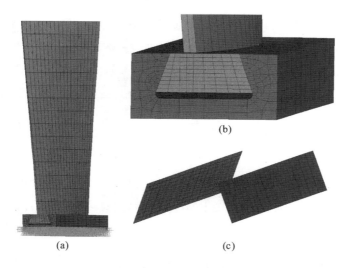

图 3.4 带有榫连摩擦阻尼的叶片有限元模型

(a)边界条件；(b)榫连部位局部放大图；(c)接触对

在叶片榫头和轮盘榫槽之间可能会产生接触的表面上分别添加三维 8 节点的面-面接触单元 CONTA174 和三维目标单元 TARGE170。

TARGE170 为 3D 目标单元，用于描述与接触单元（CONTA173、CONTA174、CONTA175 和 CONTA176）相关的各种 3D 目标面。接触单元覆盖在变形体边界的实体单元上，并可能与目标面发生接触。目标面离散为一系列的目标单元 TARGE170，通过共享实常数号与相应的接触单元构成接触对。在目标单元上可施加平动和转动位移、温度、电压、磁势等，也可施加力和力矩。对于刚性目标，TARGE170 单元可方便地模拟复杂的目标形状；对于柔性目标，这些单元将覆盖在变形目标体边界的实体单元上。

CONTA174 为 3D 8 节点面-面接触单元,用于描述 3D 目标面(TARGE170 单元)和该单元所定义的变形面(柔性面)之间的接触和滑移状态,适用于 3D 结构和耦合场的接触分析。该单元位于有中间节点的实体单元或壳单元表面,并与其下覆的实体单元面或壳单元面具有相同的几何特性。该单元支持各向同性和正交各向异性库仑摩擦。对各向同性摩擦,采用命令 TB 或 MP 输入单一摩擦系数 MU 即可;而对于正交各向异性库仑摩擦,需采用命令 TB 输入两个主轴方向的摩擦系数 MU1 和 MU2[99]。

对于面-面接触单元,接触刚度 FKN 通常指定为基体单元刚度的一个比例因子。在开始估计时,对于大面积接触采用 $FKN=1.0$;对于柔性接触(以弯曲占主导)采用 $FKN=0.01\sim0.1$;另外,也可以指定一个绝对刚度值。本节中采用 ANSYS 中的默认值 $FKN=1.0$。在接触分析中,创建非对称接触对,最终创建的接触对如图 3.4(c)所示,接触对的其他参数如表 3.1 所示。

表 3.1 接触对的参数

接触单元	目标单元	接触刚度	摩擦系数
CONTA174	TARGE170	1.0	0.3,0.5,0.7,1.0

3.3 带有榫连摩擦阻尼的叶片振动分析模型的确认

针对带有摩擦阻尼的叶片振动分析模型的确认,首先对单叶片进行数值仿真计算,并基于叶片测试的实验数据对叶片的材料参数进行修正,确定叶片的有限元模型,进而确定带有摩擦阻尼的叶片的振动分析模型。

某叶片的叶身为扭转型曲面,叶片与轮盘的连接形式为燕尾形榫头连接。叶片的有限元模型如图 3.5 所示。叶片材料为 1Cr11Ni2W2MoV,其材料参数如表 3.2 所示。

表 3.2 叶片的材料参数

温度 $T(℃)$	弹性模量 $E(GPa)$	泊松比 μ	密度 $\rho(kg/m^3)$
20	206	0.3	7800

采用有限元软件 ANSYS 对叶片进行模态分析。叶片采用 SOLID186 单元,叶片共划分了 2580 个单元、12947 个节点,如图 3.5 所示。叶片的边界条件采用与实际工作状态相近的叶片榫头两侧面固支,模态求解方法采用 Block Lanczos 模态提取法。

由表 3.3 所知,叶片的有限元值与实验测试的固有频率差异率前 3 阶、第 5 阶、第 7 阶和第 8 阶在 5% 以内,第 4 阶和第 6 阶的固有频率差异率则不同,原因在于所建立的叶片的有限元模型是对真实叶片的简化,在几何尺寸上存在差异,因此其固有频率与真实模型的实验值会有一定的误差。其中,差异率 =(实验值 − ANSYS 仿真值)/实验值。

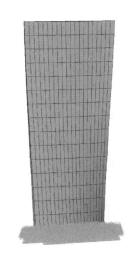

图 3.5 叶片的有限元模型

表 3.3 叶片的有限元值、实验值及其差异率

阶次	1	2	3	4	5	6	7	8
ANSYS 仿真值	246.92	975.76	1188.2	2427.6	2849.0	3017.9	4295.8	4537.0
50 N·m 实验值	253.91	1011.72	1190.23	2245.70	2864.84	3453.52	4475.78	4664.45
50 N·m 的差异率	2.75%	3.55%	0.17%	−8.10%	0.55%	12.61%	4.02%	2.73%
30 N·m 实验值	253.91	1013.18	1190.23	2245.31	2866.02	3453.13	4476.66	4664.06
30 N·m 的差异率	2.75%	3.69%	0.17%	−8.12%	0.59%	12.60%	4.04%	2.72%
10 N·m 实验值	253.13	1009.77	1188.28	2233.20	2859.77	3111.33	4446.48	4658.98
10 N·m 的差异率	2.45%	3.37%	0.01%	−8.70%	0.38%	3.00%	3.39%	2.62%
锤击法测试值	253.52	1008.59	1187.11	2292.58	2857.03	3459.08	4454.69	4655.47
锤击法的差异率	2.60%	3.26%	−0.09%	−5.89%	0.29%	12.75%	3.57%	2.545%

此外,材料参数的选择也直接影响到叶片固有频率与实验值的一致性。因此,为了与叶片真实模型实验数据更好地吻合,有必要对叶片进行模型的验证与修正。修正后叶片的材料参数如表 3.4 所示,与实验值的对比结果如表 3.5 所示。

表 3.4 修正后叶片的材料参数

温度 $T(℃)$	弹性模量 $E(GPa)$	泊松比 μ	密度 $\rho(kg/m^3)$
20	214	0.3	7800

表 3.5　修正后叶片的有限元值与实验值差异率的对比

阶次	1	2	3	4	5	6	7	8
ANSYS仿真值	251.34	994.06	1209.4	2473.2	2901.3	3071.3	4374.8	4625.1
50 N·m 的差异率	1.01%	1.75%	−1.61%	−10.13%	−1.27%	11.07%	2.26%	0.84%
30 N·m 的差异率	1.01%	1.89%	−1.61%	−10.15%	−1.23%	11.06%	2.28%	0.84%
10 N·m 的差异率	0.71%	1.56%	−1.78%	−10.75%	−1.45%	1.29%	1.61%	0.73%
锤击法的差异率	0.86%	1.44%	−1.88%	−7.88%	−1.55%	11.21%	1.79%	0.65%

由表 3.5 可以看出,修正后叶片的有限元值与实验值的前 3 阶以及第 5 阶、第 8 阶的固有频率差异率在 2% 之内,第 7 阶在 3% 之内,第 4 阶和第 6 阶的固有频率除个别数据外差异率分别在 11% 左右,提高了有限元仿真结果与真实叶片实验数据的吻合度。

3.4　考虑榫连摩擦状态不同时的叶片固有特性计算与实验对比

由于叶根榫头部分的不同预紧力会对叶片榫头与轮盘榫槽接触面间摩擦状态即阻尼产生影响,故对叶片夹具分别施加 10 N·m、30 N·m、40 N·m 和 50 N·m 的预紧力矩,可以从实测的角度考察不同预紧力对叶片榫头与轮盘榫槽接触面间摩擦状态的影响,进而得到对叶片固有频率和振动响应的影响,同时还验证了叶片摩擦阻尼减振的有效性。

(1)计算对象与条件

对带有榫连摩擦阻尼的叶片进行模态分析,并分别考虑接触面之间的摩擦系数为 0.3、0.5、0.7 和 1 时对叶片固有特性的影响。

(2)实验对象与条件

选择材料为 1Cr11Ni2W2MoV 的叶片来进行测试。振动台作为基础激励装置,轻质加速度传感器和激光测振仪作为拾振装置,详细的实验仪器设备见表 3.6。

一套非旋转状态下考虑叶片榫头与轮盘榫槽连接处摩擦阻尼特性的实验装置同图 2.5 类似。在对叶片进行安装时,通过采用 50 N·m、30 N·m 和 10 N·m 三种不同预紧力矩的方式来模拟叶片榫头与轮盘榫槽连接处的摩擦。

表 3.6　叶片测试涉及的相关仪器设备

序号	名称	序号	名称
1	LMS 16 通道便携式数据采集前端控制器	5	高性能笔记本电脑
2	8206-001 54627 型力锤	6	激光测振仪
3	金盾 EM-1000F 电磁振动台	7	力矩扳手
4	B&K4517 轻质加速度传感器		

（3）固有频率的计算与实验结果对比

振动台可测的最大频率为 2500Hz，实验中采用振动台测试得到叶片的前 3 阶固有频率，更高阶次的叶片固有频率是采用锤击法得到的。

表 3.7 为有限元仿真不同摩擦系数下和实验测试中不同预紧力矩下获得的固有频率和频率差值。由表 3.7 可知，带有榫连摩擦阻尼的叶片的仿真值与实验值有一定的误差，主要原因是模拟带有摩擦阻尼的叶片时附加一个简化盘的质量，使得仿真值的固有频率值低于实验值的固有频率值，但是仿真值考虑不同摩擦系数得到的固有频率差值与实验值考虑不同预紧力矩得到的固有频率差值趋势一致。

表 3.7　有限元与实验的固有频率对比（Hz）

阶次		1	2	3	4	5	6	7
仿真值	0.3(A)	243.49	968.91	1193.88	2034.27	2456.12	2894.05	4264.22
	0.5(B)	243.57	969.28	1194.00	2040.19	2457.13	2894.45	4265.96
	0.7(C)	243.61	969.45	1194.05	2043.00	2457.58	2894.45	4265.96
	1.0(D)	243.64	969.59	1194.09	2045.24	2457.93	2894.55	4266.38
差值$|B-A|/A$		3.29e−4	3.82e−4	1.01e−4	2.9e−3	4.11e−4	1.38e−4	4.08e−4
差值$|C-A|/A$		4.93e−4	5.57e−4	1.42e−4	4.3e−3	5.94e−4	1.38e−4	4.08e−4
差值$|D-A|/A$		6.16e−4	7.02e−4	1.76e−4	5.4e−3	7.37e−4	1.73e−4	5.07e−4
		1	2	3	4	5	6	7
实验值	10 N·m(E)	253.13	1009.77	1188.28	2233.20	2859.77	3111.33	4446.48
	30 N·m(F)	253.91	1013.18	1190.23	2245.31	2866.02	3453.13	4476.66
	50 N·m(G)	253.91	1011.72	1190.23	2245.70	2864.84	3453.52	4475.78
差值$|F-E|/E$		3.1e−3	3.4e−3	1.6e−3	5.4e−3	2.2e−3	0.11	6.8e−3
差值$|G-E|/E$		3.1e−3	1.9e−3	1.6e−3	5.6e−3	1.8e−3	0.11	6.6e−3

图 3.6(a)所示为有限元仿真获得的叶片在不同摩擦系数下的固有频率的变化，随着摩擦系数的增大，叶片固有频率逐渐增大。由图 3.6(b)所示的不同摩擦

系数下叶片固有频率的差值,可以看出摩擦系数为 1.0 与摩擦系数为 0.3 对应的
固有频率差值最大,最大差值为 5.4e−3,最小差值为 1.01e−4。

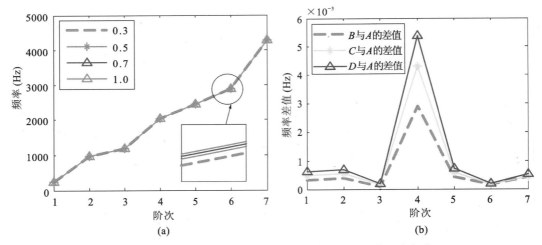

图 3.6   有限元仿真获得的叶片在不同摩擦系数下的固有频率

(a) 固有频率;(b) 固有频率差值

图 3.7(a)所示为实验获得的叶片在不同预紧力矩下固有频率的变化,随着预紧
力矩的增大,叶片的固有频率逐渐增大,只有在 50 N·m 预紧力矩下对应的第 2 阶
和第 5 阶固有频率略低于 30 N·m 预紧力矩下相应阶次的固有频率。50 N·m 与
30 N·m 预紧力矩下的其他阶次的固有频率几乎一致,说明当预紧力矩达到一定程
度时,叶片的固有频率接近相同。由图 3.7(b)所示的不同预紧力矩下叶片固有频率
的差值,可以看出 50 N·m 和 30 N·m 与 10 N·m 的固有频率差值几乎一致。

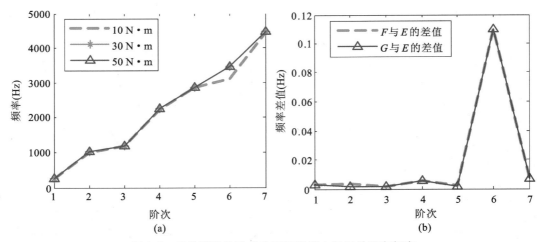

图 3.7   实验获得的叶片在不同预紧力矩下的固有频率

(a)固有频率;(b)固有频率差值

以上结果说明摩擦系数对叶片固有频率的影响较小,通过实验验证了数值仿真结果的正确性。

（4）不同榫连状态下的叶片振动扫频测试

在相同激振力不同预紧力矩下叶片第 1 阶扫频对应的频响曲线如图 3.8 所示。图 3.8（a）是在激振力为 3 g,力矩为 30 N·m、40 N·m、50 N·m 下的叶片的第 1 阶扫频对应的频响曲线,可以看出随着预紧力矩的增大,叶片的幅值逐渐升高,即在力矩为 30 N·m 时与 40 N·m 和 50 N·m 时相比,摩擦阻尼耗能较大。

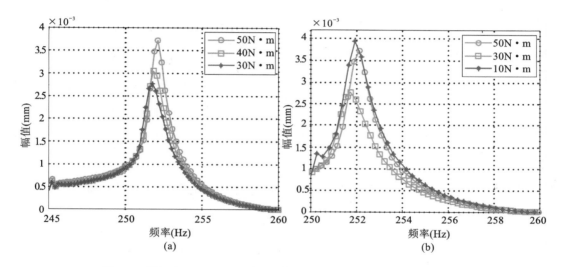

图 3.8 激振力 3g 下不同预紧力矩下叶片第 1 阶扫频对应的频响曲线

(a)30 N·m,40 N·m,50 N·m;(b)10 N·m,30 N·m,50 N·m

图 3.8（b）是在激振力为 3 g,力矩为 10 N·m、30 N·m、50 N·m 下的叶片的第 1 阶扫频对应的频响曲线,可以看出力矩为 10 N·m 时与 30 N·m 和 50 N·m 时相比,叶片的幅值较高。分析其原因,说明在 10 N·m 的预紧力矩下,叶片榫头与轮盘榫槽之间的间隙较大,导致其共振响应较大。

3.5　带有榫连摩擦阻尼的叶片谐响应分析

叶片谐响应分析是指用于确定线性结构在承受随时间按正弦（简谐）规律变化的载荷时的稳态响应的一种技术。目的是计算出结构在几种频率下的响应并得到一些响应值(通常是位移)对频率的曲线。从这些曲线上可以找到"峰值"响应,并进一步观察峰值频率对应的应力。叶片谐响应分析对预测叶片能否成功克服共振疲劳以及延长受迫振动的疲劳寿命十分重要。

所采用的方法为完全法,完全法采用完整的系统矩阵计算谐响应,没有矩阵缩减,矩阵可以是对称的或是非对称的。其优点是容易使用,允许定义各种类型的载荷,但是缺点是预应力选项不可用。

采用完全法对叶片进行的谐响应分析,扫频频率范围为 200~300 Hz,步长为 500,为了模拟振动台加速度扫频激励,对叶片施加 0.5g 加速度激励。完全法中的阻尼矩阵为[94]

$$\boldsymbol{C} = \alpha\boldsymbol{M} + \beta\boldsymbol{K} + \left(\frac{\xi}{\pi f}\right)\boldsymbol{K} + \sum_{j=1}^{M}\beta_j\boldsymbol{K}_j + \sum_{k=1}^{N}\boldsymbol{C}_k \tag{3.23}$$

式中,α 为常值质量阻尼(ALPHAD 命令);β 为常值刚度阻尼(BETA 命令);ξ 为常值阻尼比;f 为当前的频率(DMPRAT 命令);β_j 为第 j 种材料的常值刚度矩阵系数(MP,DAMP 命令);$\boldsymbol{K}$ 为叶片系统的刚度矩阵;$\boldsymbol{M}$ 为质量矩阵;$\boldsymbol{C}_k$ 为单元阻尼矩阵。

其中,瑞利阻尼中的两个阻尼系数可通过振型阻尼比计算得到,即:

$$\alpha = \frac{2\omega_i\omega_j(\xi_i\omega_j - \xi_j\omega_i)}{\omega_j^2 - \omega_i^2} \tag{3.24a}$$

$$\beta = \frac{2(\xi_j\omega_j - \xi_i\omega_i)}{\omega_j^2 - \omega_i^2} \tag{3.24b}$$

式中,ω_i 和 ω_j 分别为结构的第 i 阶和第 j 阶固有频率;ξ_i 和 ξ_j 为相应于第 i 振型和第 j 振型的阻尼比,由实验确定,一般可取 $i=1,j=2$,相应的阻尼比在 2%~20%范围内变化。

在本章中,考虑榫连摩擦阻尼的叶片的阻尼采用瑞利阻尼,瑞利阻尼通过预紧力矩为 30 N·m 的实验数据确定。其中,叶片的第 1 阶固有频率为 252 Hz,相对应的阻尼比为 0.0954%;第 2 阶固有频率为 1011.75 Hz,相对应的阻尼比为 0.0818%。由式(3.24)得 $\alpha=2.5438,\beta=1.9441\times10^{-7}$。

为了验证榫连摩擦阻尼对叶片振动位移、振动应力的影响,采用考虑榫连摩擦阻尼的叶片的相同结构、相同阻尼和相同激励条件(0.5g 加速度)对叶片在固支条件下进行谐响应分析。通过对比两种边界条件下在共振频率激励和非共振频率激励下的振动响应、振动位移的结果,验证考虑榫连摩擦阻尼的减振效果。

3.5.1　共振频率激振

图 3.9 所示为叶片发生一阶共振时振动位移分布情况,可以看出振动位移最大值位于叶片叶尖处,考虑榫连摩擦阻尼的最大位移为 1.7482 mm,完全固支下叶片的最大位移为 1.7571 mm,两种边界条件下的共振位移相差不大,考虑榫连摩擦阻尼的叶片的最大振动位移略低于完全固支下的结果,降低了 0.5%。

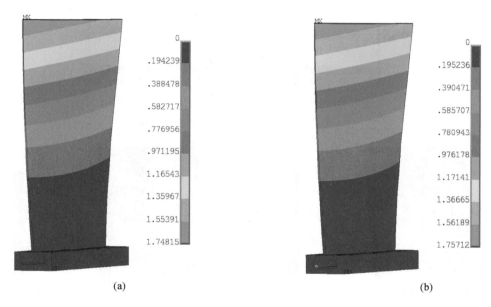

图 3.9　叶片发生一阶共振时振动位移分布情况

(a)考虑榫连摩擦阻尼;(b)完全固支下

图 3.10 所示为叶片叶尖处考虑榫连摩擦阻尼与完全固支下第一阶定频激励下的共振响应,可以看出,考虑榫连摩擦阻尼后叶片叶尖处的共振响应略低于叶片完全固支下的共振响应。

图 3.11 所示为叶片发生一阶共振时振动应力分布的情况,考虑榫连摩擦阻尼的叶片的最大应力值出现在叶身底部,为 217.03 MPa,而完全固支下的叶片在相同部位的振动应力为 222.04 MPa,考虑榫连摩擦阻尼后的叶片振动应力下降了 2.26%,具有减振效果。

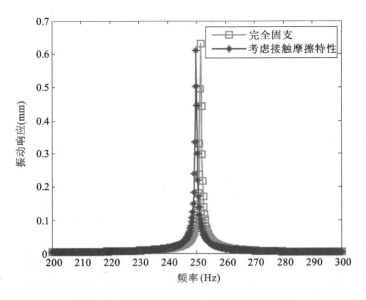

图 3.10   叶片叶尖处第一阶定频激励曲线

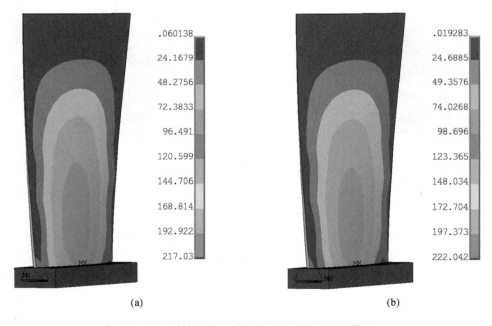

(a)   (b)

图 3.11   叶片发生一阶共振时振动应力分布情况

(a)考虑榫连摩擦阻尼;(b)完全固支下

3.5.2   非共振频率激振

由谐响应分析得到考虑榫连摩擦阻尼的叶片在非共振频率 $f = 240\ \text{Hz}$ 下的

振动位移、振动应力。

图 3.12 所示为叶片在非共振频率激励下的振动位移分布情况,可以看出振动位移最大值出现在叶片叶尖处,考虑榫连摩擦阻尼的叶片的最大位移为 0.794e−3 mm,完全固支下的叶片的最大位移为 1.079e−3 mm。考虑榫连摩擦阻尼后使非共振频率激励下的叶片的振动位移降低了 26.4%。与共振频率激振下的振动位移相比,非共振频率激振下的振动位移非常小。

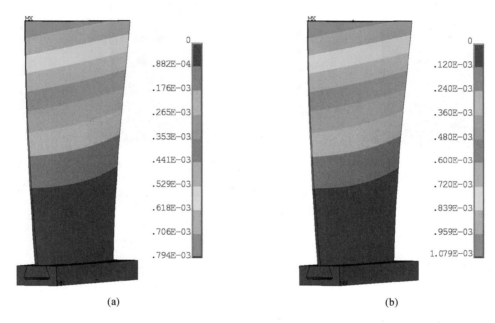

图 3.12　叶片在非共振激励下的振动位移分布情况

(a)考虑榫连摩擦阻尼;(b)完全固支下

图 3.13 所示为叶片发生非共振激励时振动应力分布情况,考虑榫连摩擦阻尼的叶片的最大应力值出现在叶身底部,为 0.100915 MPa,而完全固支下的叶片在相同部位的振动应力为 0.133344 MPa,考虑榫连摩擦阻尼后的叶片振动应力下降了 24.3%,具有减振效果。与共振频率激励下的振动应力相比,非共振频率激励下的振动应力非常小。

3.5.3　相同预紧力矩下不同激振力的实验测试

对叶片分别施加 10 N·m、30 N·m 和 50 N·m 的预紧力矩,分别在上述预紧力矩下采用 0.5 g、1.0 g、1.5 g、2.0 g、2.5 g 和 3 g 对叶片进行扫频测试,获得

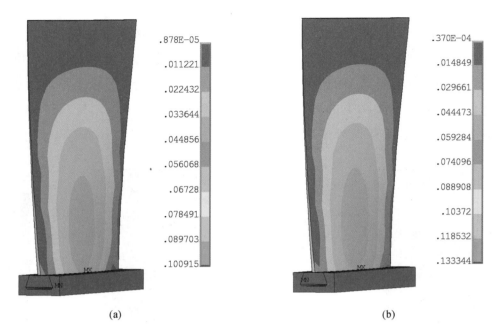

图 3.13 叶片发生非共振激励时振动应力分布情况

(a)考虑榫连摩擦阻尼;(b)完全固支下

相同预紧力矩下不同激振力对应的叶片第 1 阶和第 3 阶的频响曲线,如图 3.14—图 3.16 所示。

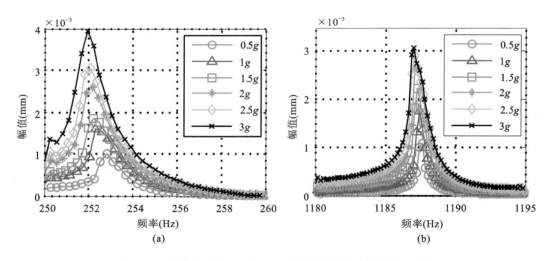

图 3.14 预紧力矩为 10 N·m 时不同激振力对应的频响曲线

(a)第 1 阶固有频率;(b)第 3 阶固有频率

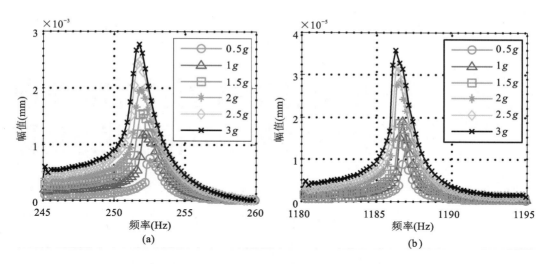

图 3.15　预紧力矩为 30 N·m 时不同激振力对应的频响曲线

（a）第 1 阶固有频率；（b）第 3 阶固有频率

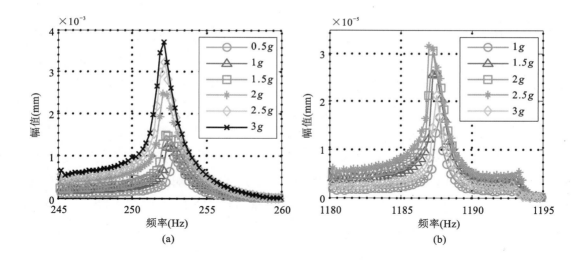

图 3.16　预紧力矩为 50 N·m 时不同激振力对应的频响曲线

（a）第 1 阶固有频率；（b）第 3 阶固有频率

在相同预紧力矩下，叶片的固有频率随着激振力的增大而减小，即出现了软式非线性。叶片的响应随着激振力的增大而增大。对比叶片第 1 阶扫频和第 3 阶扫频对应的响应值，低阶振动对叶片的影响较大。

# 叶根摩擦阻尼对盘片组合结构固有特性的影响及其接触状态仿真

在常规的叶片与轮盘组合系统动力学设计与分析中,往往忽略叶片与轮盘之间的装配结构及其配合关系的影响,而将叶片和轮盘作为单独元件或者当成一个整体来研究,从而导致叶片和轮盘的预测频率失真,造成设计参数选择不佳[100]。目前,针对盘片组合结构中考虑叶根摩擦阻尼的研究,通常截取榫连结构的局部进行静力学研究,而针对考虑摩擦阻尼对盘片组合结构振动特性影响的研究较少,文献[101]建立了考虑叶片与轮盘之间接触作用的有限元模型,将由旋转离心力产生的榫头榫槽接触应力作为预应力,分析了预应力作用下的叶片轮盘耦合振动特性。但只定性地给出了摩擦阻尼的影响趋势,未与不考虑叶根摩擦阻尼的分析结果进行比较。

本章基于有限元方法,建立带有榫连摩擦阻尼的叶片-轮盘耦合模型,引入旋转作用产生的离心载荷,进行预应力下模态分析,获得考虑叶根摩擦阻尼的盘片组合结构固有特性,并与忽略摩擦阻尼的计算结果进行对照,分析叶根摩擦阻尼对盘片组合结构的整体动力学特性的影响规律,进而绘制更符合实际的考虑叶根摩擦阻尼的盘片组合结构 Campbell 图。此外,基于有限元方法对叶根处的接触状态进行模拟,研究摩擦系数和转速对榫连接触区接触状态的影响。

4.1 带有榫连摩擦阻尼的盘片组合结构的有限元建模

利用盘片组合结构的循环对称特性,建立其扇区有限元模型,考虑榫头榫槽的摩擦阻尼作用。同时,作为对照,还建立了忽略摩擦作用的、榫头榫槽接触面自由度耦合的盘片组合结构整体模型。

4.1.1 建模方法

以图 4.1 所示的盘片组合结构为例加以说明。图 4.1(a) 为盘片组合结构的一个 15°扇区,将其进行循环对称可得到整体的盘片组合结构。如图 4.1 所示,定义整体坐标系的方向为:X 向为盘片组合结构的径向,Y 向为周向,Z 向为轴向。

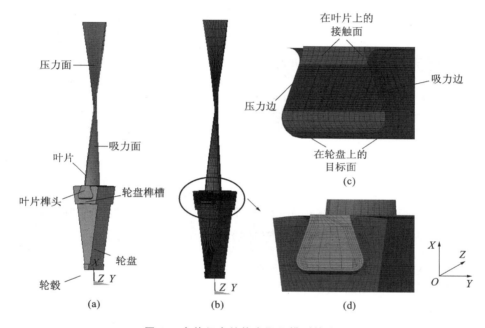

图 4.1 盘片组合结构有限元模型的建立

(a)几何模型(15°扇区);(b)有限元模型;(c)接触单元;(d)榫头与榫槽(燕尾形)

采用 ANSYS 中的 ICEM 模块对盘片组合结构进行网格划分,得到高质量的六面体网格,如图 4.1(b) 所示。

对基本扇区进行循环扩展后,盘片组合结构有限元模型网格节点数为 56968,单元数为 53528,接触区节点数为 2904,接触区长度为 12 mm。

在该模型中,两部分的三维实体均选择 SOLID185 单元,材料均为钛合金 Ti-6A-4V,其弹性模量为 $E=110$ GPa,泊松比为 0.3,密度为 $\rho=4500$ kg/m³。

4.1.2 边界条件

在分析带有榫连摩擦阻尼的叶片时,需要引入轮盘,在实际工作中,轮盘装配在旋转轴上进行旋转运动,需要对盘片组合结构进行轴向和周向的固定约束,只允许其在径向有较小的位移。

（1）不考虑榫连摩擦阻尼

在叶片榫头两侧与轮盘榫槽之间的接触面进行自由度耦合,即把叶根视为固连。

（2）考虑榫连摩擦阻尼

在叶片榫头和轮盘榫槽之间可能会产生接触的表面上分别添加三维 8 节点的面-面接触单元 CONTA174 和三维目标单元 TARGE170。最终创建的接触对如图 4.1(c)所示,接触对的参数如表 4.1 所示。

表 4.1　接触对的参数

接触单元	目标单元	接触刚度	摩擦系数
CONTA174	TARGE170	1.0	0.3

（3）循环对称边界条件

对基本扇区施加循环对称边界条件,使其成为一个完整的结构,能够更好地模拟盘片组合结构的实际工作过程,使计算更加接近实际工况。

4.1.3　加载及求解

盘片组合结构榫头和榫槽工作时的载荷:由于转动而产生的离心力。

对盘片组合结构分别施加 2500 r/min、5000 r/min、7500 r/min 和 10000 r/min 四种转速,求解不同转速下盘片组合结构的前 5 阶固有频率。

4.2　带有榫连摩擦阻尼的盘片组合结构的固有特性分析

对带有榫连摩擦阻尼的盘片组合结构进行带有预应力的模态分析,主要流程见图 4.2。

分别计算盘片组合结构在节径数 $m_{bd}=0 \sim 10$ 时的固有特性和振型。

取某种转速下考虑带有榫连摩擦阻尼与叶片视为固连的情况下得到的固有频率和振型,观察榫连摩擦阻尼对盘片组合结构的固有特性的影响。

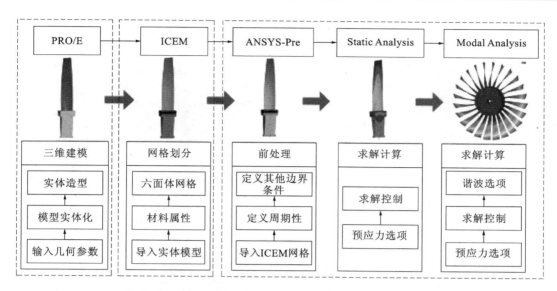

图 4.2　盘片组合结构模态分析的求解过程

表 4.2 为盘片组合结构转速为 10000 r/min、节径数 $m_{bd}=0$ 时带有榫连摩擦阻尼和叶片视为固连情况下的固有频率和振型。图 4.3 为节径数 $m_{bd}=0$ 对应的盘片组合结构阵型图。

表 4.2　节径数 $m_{bd}=0$ 对应的盘片组合结构的固有特性

盘片组合结构	轮盘	叶片		带有榫连摩擦阻尼		不带有榫连摩擦阻尼	
m_{bd}, n_{bd}	m_d, n_d	m_b, n_b	振型	固有频率（Hz）	振型	固有频率（Hz）	振型
0,0	0,0	1,1	一弯	204.21	图 4.3(a1)	217.35	图 4.3(b1)
0,0	0,0	1,2	一扭	452.21	图 4.3(a2)	463.28	图 4.3(b2)
0,0	0,0	1,2	一扭	508.92	图 4.3(a3)	577.63	图 4.3(b3)
—	—	2,1	二弯	816.04	图 4.3(a4)	977.61	图 4.3(b4)
—	—	3,1	三弯	1168.92	图 4.3(a5)	—	—
0,0	0,0	2,2	二扭	1418.37	图 4.3(a6)	1430.10	图 4.3(b5)
—	—	3,1	三弯	1817.48	图 4.3(a7)	1729.80	图 4.3(b6)
0,2	0,0	3,1	复合	1914.33	图 4.3(a8)	2021.44	图 4.3(b7)
0,2	0,0	3,3	复合	2339.87	图 4.3(a9)	2356.08	图 4.3(b8)
0,0	0,0	3,2	三扭	2568.24	图 4.3(a10)	2576.43	图 4.3(b9)
0,0	0,0	1,3	弦振	—	—	3357.79	图 4.3(b10)

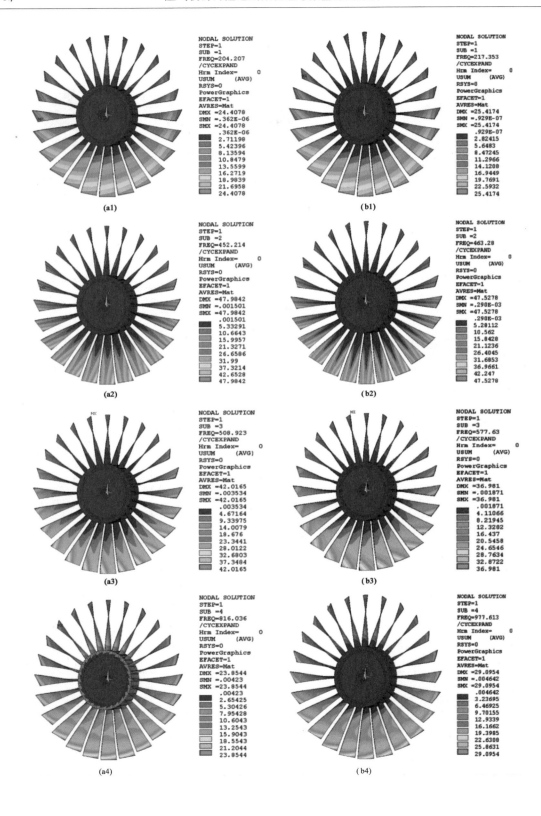

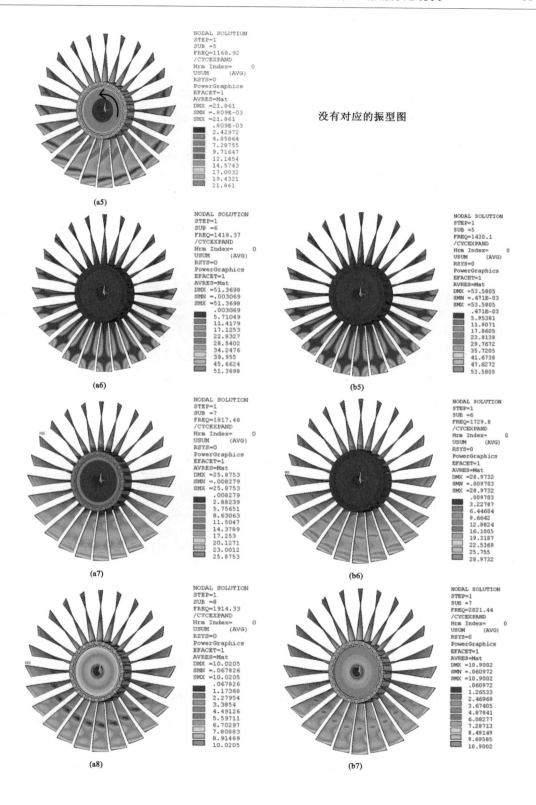

没有对应的振型图

(a5)　　　(a6)　　　(b5)　　　(a7)　　　(b6)　　　(a8)　　　(b7)

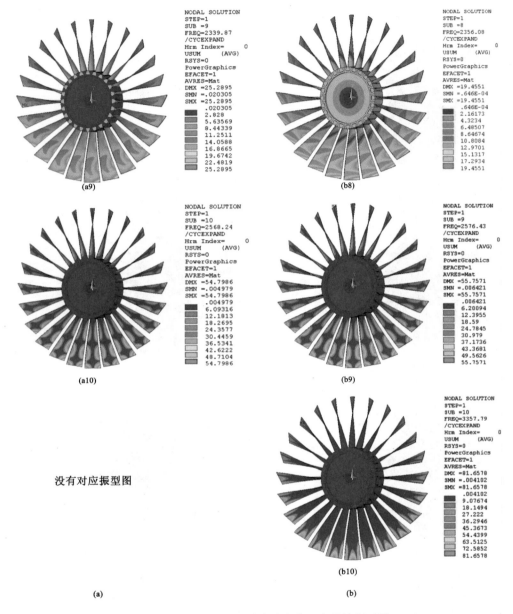

没有对应振型图

图 4.3 节径数 $m_{bd}=0$ 对应的盘片组合结构振型图

(a)带有榫连摩擦阻尼；(b)不带有榫连摩擦阻尼

如表 4.2 和图 4.3 所示，以带有榫连摩擦阻尼的盘片组合结构的振型图为例，通过观察 ANSYS 中的动态图来对比说明带有榫连摩擦阻尼和不带有榫连摩擦阻尼的盘片组合结构振型图的特点：

（1）当轮盘不发生振动（即盘片组合结构的 $m_{bd}=0$，$n_{bd}=0$ 和轮盘的 m_d、n_d

均为 0 时),盘片组合结构的振型图表现为叶片的振型。其中带有榫连摩擦阻尼的振型图和未带有榫连摩擦阻尼的振型图相符。如图 4.3 中的 a1(b1),a2(b2),a3(b3),a6(b5),a10(b9)所示。

(2)当轮盘发生节圆振动(即盘片组合结构的 $m_{bd}=0,n_{bd}=2$ 时),轮盘的振动可导致叶片发生复合振动。其中带有榫连摩擦阻尼和未带有榫连摩擦阻尼的振型图不相符,如图 4.3 中的 a8(b7),a9(b8)所示。图 4.3 中的(a8)、(b7)和(a9)是叶片的复合振动,图 4.3(b8)是叶片的弯曲振动。对于盘片组合结构的节圆振动,节圆有时会跑出轮盘,而存在于叶片处。特别是具有长叶片的轮盘,极有可能产生这种情况。

(3)当轮盘沿轴进行周向振动(即表 4.2 中标注"—"处),如图 4.3(a5)中的箭头方向所示。轮盘的周向扭转振动通过榫连结构传递到了叶片,导致叶片发生弯曲振动和弯扭复合振动,即叶片与轮盘发生了耦合振动。其中带有榫连摩擦阻尼的振型图和未带有榫连摩擦阻尼的振型图不相符,如图 4.3 中 a4(b4)、(a5),a7(b6)所示。(b4)和(b6)振型图中,轮盘不动,盘片组合结构的振型图表现为叶片的振型。带有榫连摩擦阻尼的(a5)振型图在不带有榫连摩擦阻尼时没有对应的振型图出现,如表 4.2 中标注"—"处。说明不同的边界条件对盘片组合结构的振型有影响。

(4)在带有榫连摩擦阻尼的盘片组合结构的振型图与不带有榫连摩擦阻尼的盘片组合结构的振型图相符的情况下,不带有榫连摩擦阻尼的盘片组合结构的固有频率要比带有榫连摩擦阻尼的固有频率高,如图 4.4 所示。图 4.3 中 a1(b1)、a2(b2)、a3(b3)、a6(b5)和 a10(b9)的振型图对应的固有频率差值分别为 13.14 Hz、11.07 Hz、68.71 Hz、11.73 Hz 和 8.19 Hz。

(5)在带有榫连摩擦阻尼的盘片组合结构的振型图与不带有榫连摩擦阻尼的盘片组合结构的振型图不相符的情况下,图 4.3 中 a4(b4)、a7(b6)、a8(b7)、a9(b8)振型图对应的固有频率差值分别为 161.57 Hz、−87.68 Hz、107.11 Hz 和 16.21 Hz。

当盘片组合结构呈现节径振动时,由于盘片组合结构的对称性,在非零节径下每一阶均有两个相同的固有频率出现,相对应的振型呈现正交形式。因此,文中只列出了相同频率下的一组振型,正交形式的振型未一一列出。

表 4.3 为盘片组合结构转速在 10000 r/min、节径数 $m_{bd}=4$ 时带有榫连摩擦阻尼和叶片视为固连情况下的固有频率和振型。

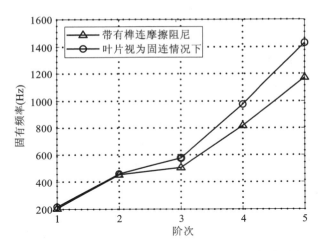

图 4.4　两种边界条件下盘片组合结构的固有频率对比

由表 4.3 可知,带有榫连摩擦阻尼和叶片视为固连情况下的固有频率有所差异,其中最大差值为 127.57 Hz,最小差值为 7.13 Hz,模态振型比较相符,如图 4.5 所示。

其他节径数对应的盘片组合结构的模态振型与节径数 $m_{bd}=4$ 时特点相似,盘片组合结构的振型都主要表现为叶片的振动。这说明,盘片组合结构在低节径振动时,轮盘对叶片的振动影响较大,随着节径数的增大,轮盘对叶片的振动影响逐渐减小,更多地表现为叶片的振动形式。

对比节径数 $m_{bd}=0$ 和 $m_{bd}=4$ 时盘片组合结构的固有频率可以看出,节径数 $m_{bd}=4$ 对应的固有频率大于节径数 $m_{bd}=0$ 对应的固有频率,说明盘片组合结构的固有频率随着节径数的增加而增大。

表 4.3　节径数 $m_{bd}=4$ 对应的盘片组合结构的固有特性

叶片盘	轮盘	带有榫连摩擦阻尼		不带榫连摩擦阻尼	
m_{bd},n_{bd}	m_d,n_d	固有频率(Hz)	振型	固有频率(Hz)	振型
4,0	0,0	211.58	图 4.5(a1)	218.71	图 4.5(b1)
4,0	0,0	451.07	图 4.5(a2)	463.56	图 4.5(b2)
4,0	0,0	503.22	图 4.5(a3)	582.04	图 4.5(b3)
4,0	0,0	868.11	图 4.5(a4)	995.68	图 4.5(b4)
4,0	0,0	1415.35	图 4.5(a5)	1431.95	图 4.5(b5)

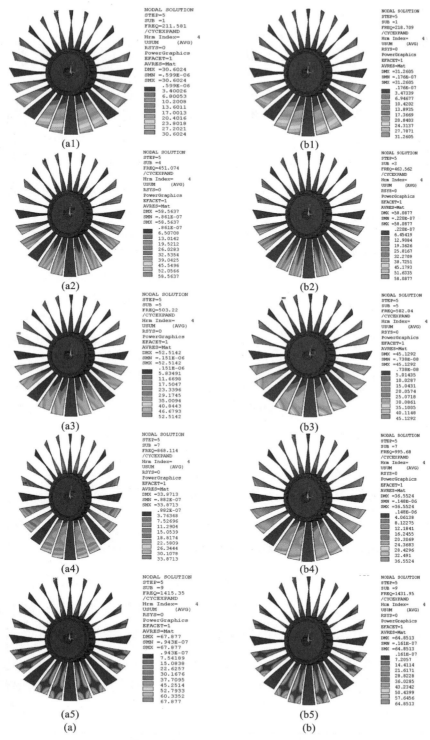

图 4.5　节径数 $m_{bd}=4$ 对应的盘片组合结构振型图

(a)带有摩擦阻尼特性；(b)不带有摩擦阻尼特性

4.3　带有榫连摩擦阻尼的盘片组合结构的共振特性分析

对于盘片组合结构模型，在前述 4 种转速下，分别分析盘片组合结构在带有榫连摩擦阻尼和未带有榫连摩擦阻尼下节径数 $m_{bd}=0\sim10$ 时的第 1 阶固有频率（即叶片发生一阶弯曲振动，轮盘不振动）下的 Campbell 图。图 4.6 为带有榫连摩擦阻尼的盘片组合结构振动的 Campbell 图，图 4.7 为固连条件下的盘片组合结构振动的 Campbell 图。

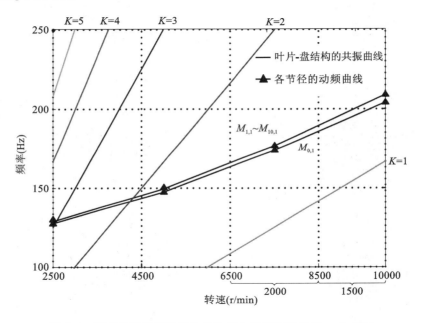

图 4.6　带有榫连摩擦阻尼的盘片组合结构振动的 Campbell 图

从图 4.6 和图 4.7 中均可以看出，从最低转速到最高转速，节径数 $m_{bd}=1$ 和节径数 $m_{bd}=4\sim10$ 对应的一阶频率线远离相应激振频率线，而节径数 $m_{bd}=2$ 和 $m_{bd}=3$ 对应的一阶频率线与相应的激振频率线都有交点，因此很可能引起节径数 $m_{bd}=2$ 或 $m_{bd}=3$ 下的一阶振动。

带有榫连摩擦阻尼的盘片组合结构的各节径对应的一阶固有频率值，最大频率差值为节径数 $m_{bd}=0$ 和节径数 $m_{bd}=10$ 对应的固有频率，为 9.83 Hz；最小频率差值为节径数 $m_{bd}=9$ 和节径数 $m_{bd}=10$ 对应的固有频率，为 0.17 Hz。可以发现，随着节径数的增加，盘片组合结构的固有频率差值越来越小，更加接近于叶片

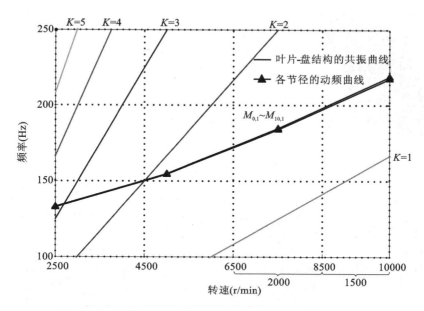

图 4.7　固连条件下的盘片组合结构的 Campbell 图

本身的固有频率。

　　在图 4.7 中，$M_{0,1}$～$M_{10,1}$ 表示固连条件下的盘片组合结构的各节径对应的一阶固有频率值，最大频率差值为 0.37 Hz；最小差值为 0。这说明未带有榫连摩擦阻尼时，节径数对第一阶固有频率的影响比带有榫连摩擦阻尼时小。

4.4　带有榫连摩擦阻尼的盘片组合结构的接触分析

　　基于有限元数值仿真方法，分析摩擦系数和转速对带有榫连摩擦阻尼的盘片组合结构的接触压力和滑动距离的影响。

4.4.1　摩擦系数对接触压力的影响

　　在有限元软件 ANSYS 中进行带有榫连摩擦阻尼的盘片组合结构的接触分析，分别考虑摩擦系数为 0、0.3、0.5、0.7、1.0 对盘片组合结构的接触压力的影响，其中转速设置为 10000 r/min，接触刚度设置为 ANSYS 中的默认值 1.0。接触对的细节图如图 4.8 所示。其中，接触面沿 X 方向的宽度为 $2a$，接触面沿 Y 方

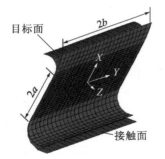

图 4.8　接触对细节图

向的长度为 $2b$。

如图 4.9 所示,不同摩擦系数下得到的接触压力峰值都出现在接触边的底端,并且沿着接触边接触压力值逐渐减小;而随着摩擦系数的增加,接触压力值逐渐减小,在 $\mu=0.0$ 时,接触压力值最大为 508.05 MPa,在 $\mu=1.0$ 时,接触压力值最大为 258.96 MPa。

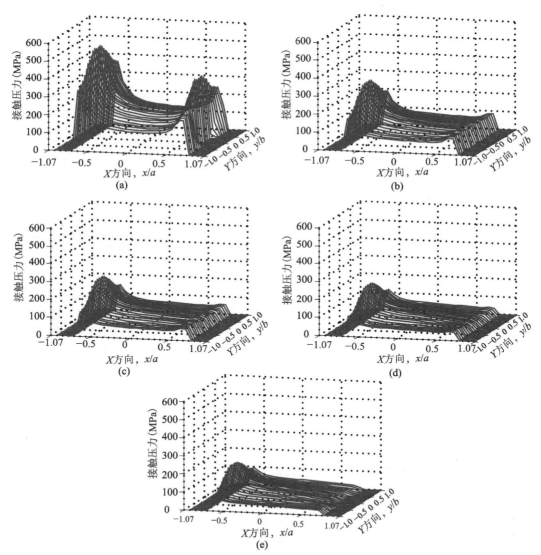

图 4.9　不同的摩擦系数对接触压力的影响分布图

(a)$\mu=0.0$;(b)$\mu=0.3$;(c)$\mu=0.5$;(d)$\mu=0.7$;(e)$\mu=1.0$

4.4.2 摩擦系数对滑动距离的影响

在有限元软件 ANSYS 中进行带有榫连摩擦阻尼的盘片组合结构的接触分析,分别考虑摩擦系数为 0、0.3、0.5、0.7、1.0 对盘片组合结构的滑动距离的影响,其中转速设置为 10000 r/min,接触刚度设置为 ANSYS 中的默认值 1.0,结果如图 4.10 所示。

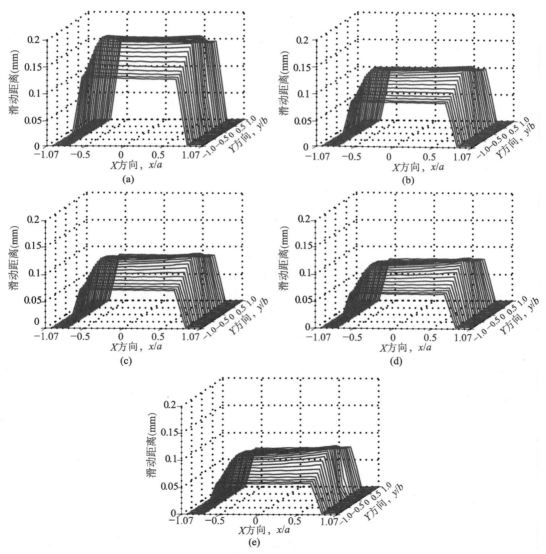

图 4.10 不同的摩擦系数对滑动距离的影响分布图

(a)$\mu=0.0$;(b)$\mu=0.3$;(c)$\mu=0.5$;(d)$\mu=0.7$;(e)$\mu=1.0$

　　如图 4.10 所示,随着摩擦系数的增加,接触边上的滑动距离逐渐地减小,在 $\mu=0$ 时,滑动距离值最大为 0.18 mm,在 $\mu=1.0$ 时,滑动距离值最小为 0.096 mm。

4.4.3　转速对接触压力的影响

　　在有限元软件 ANSYS 中进行考虑摩擦的接触分析,对盘片组合结构施加角速度,分别考虑 2500 r/min、5000 r/min、7500 r/min、10000 r/min 的转速对接触压力的影响,其中摩擦系数设置为 0.3,接触刚度设置为 ANSYS 中的默认值 1.0,结果如图 4.11 所示。

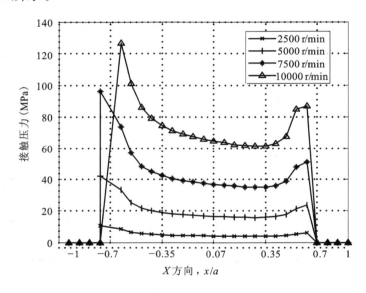

图 4.11　不同转速下接触边上接触压力分布图

　　如图 4.11 所示,接触边上接触压力的大小随着转速的增大而逐渐增大,在转速达到 10000 r/min 时,接触压力的峰值仍然出现在接触边的底端,并且沿着接触边接触压力值逐渐降低;而转速为 2500 r/min 时,接触压力的最大峰值为 15.093 MPa。

4.4.4　转速对滑动距离的影响

　　在有限元软件 ANSYS 中进行考虑摩擦的接触分析,对盘片组合结构施加角速度,分别考虑 2500 r/min、5000 r/min、7500 r/min、10000 r/min 的转速对滑动距离的影响,其中摩擦系数设置为 0.3,接触刚度设置为 ANSYS 中的默认值 1.0,结果如图 4.12 所示。

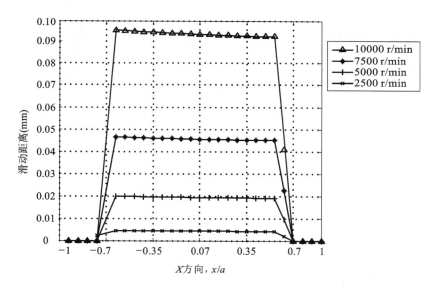

图 4.12　不同转速下接触边上滑动距离分布图

如图 4.12 所示,接触边上滑动距离的大小随着转速的增大而逐渐增大,在转速达到 10000 r/min、滑动距离达到最大值 0.096 mm 时,滑动距离值在接触边上基本一致。转速为 2500 r/min 时,滑动距离的最大值为 0.0067mm。

5 基于复模量本构关系的叶片-黏弹性阻尼块的动力学特性分析

    叶片是航空发动机、燃气轮机、高端轴流压缩机等叶轮机械的重要部件。在多场耦合复杂条件下,承受相对严酷的流体和热机耦合激励,并且由于其本身的密集固有频率和复杂形式的模态振型等因素,不可避免地产生共振。在工程实际中,即使满足了静强度要求和抗低周疲劳设计要求,但由于高的整体应力水平和可能的高频共振,叶片仍然容易发生高周疲劳损伤故障。为此,叶片在现有结构形式无法进一步优化的情况下,迫切需要采取用附加阻尼的方法以实现叶片的减振,提高其抗振动疲劳能力。

    采用黏弹性阻尼技术进行叶片减振的叶片-黏弹性阻尼块的动力学特性的理论分析,其中黏弹性阻尼材料采用复模量本构方程,将叶片简化为悬臂梁,获得了该叶片-黏弹性阻尼块的固有特性和频域下的谐响应。首先,建立叶根部位施加黏弹性阻尼块的叶片的动力学模型,其中黏弹性阻尼材料的本构方程为两参数复模量模型,且在工作温度和工作频率固定的情况下取定值,方程的建立采用了牛顿力学原理。然后,基于悬臂梁振型假设,采用 Galerkin 法对运动方程进行处理,得到 n 阶模态截断时的系统离散微动运动方程;给出了采用复特征值法对上述系统方程进行固有频率、损耗因子、谐响应的求解方法。最后,针对某叶片实测并进行模型简化,在给定叶片前 3 阶固有频率的条件下进行解析分析,得到了黏弹性阻尼材料参数、转速等对叶片-黏弹性阻尼块的动力学特性的影响规律。

5.1   叶片-黏弹性阻尼块的简化力学模型

    将叶片-黏弹性阻尼块进行简化,可以视其为一个悬臂梁结构,如图 5.1 所示为黏弹性阻尼块-盘片组合结构,由叶片、轮盘和黏弹性阻尼块组成,黏弹性阻尼块放置于各叶片底部。

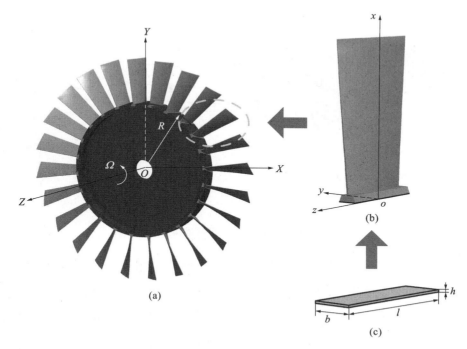

图 5.1 黏弹性阻尼块-盘片组合结构示意图

(a)盘片组合结构;(b)叶片模型;(c)黏弹性阻尼块

对于某盘片结构,取出其中一个叶片,建立局部坐标系 $oxyz$,原点 o 为带有黏弹性阻尼块时的块的底部,R 为 Oo 距离。

将叶片前 3 阶固有频率作为等效目标,可以将叶片简化为一个悬臂梁,如图 5.2 所示。叶片简化为悬臂梁模型的几何和材料参数分别为:密度 ρ、弹性模量 E、泊松比 μ、长度 L_0、宽度 B、厚度 H、横截面面积 A。黏弹性阻尼块的几何和材料参数分别为:长度 l、宽度 b,厚度 h、密度 ρ_1、储能模量 E_1、损耗因子 η、泊松比 μ_1。

通常黏弹性材料有温度和频率的依赖性,在本章中,温度视为常数。则黏弹性材料的复弹性模量为

$$E_v(\omega) = E_1(\omega) + E_2(\omega)\mathrm{i} = E_1(\omega)(1 + \mathrm{i}\eta(\omega)), \quad G_v(\omega) = \frac{E_v(\omega)}{2(1 + \mu_1)}$$

$$(5.1)$$

式中,E_1 为储能模量;E_2 为耗能模量;$\eta(\omega)$ 为损耗因子,$\eta(\omega) = E_2(\omega)/E_1(\omega)$;$G_v(\omega)$ 为剪切模量;μ_1 为泊松比。

在叶片根部施加的黏弹性阻尼块与叶片榫头底面及轮盘榫槽底面始终接触,

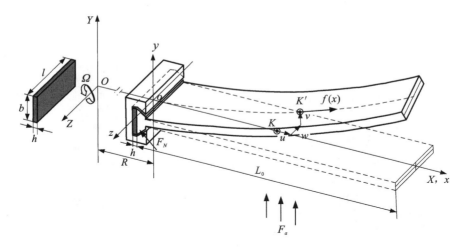

图 5.2　黏弹性阻尼块 - 悬臂梁模型示意图

叶片的运动对黏弹性阻尼块存在拉压和剪切两种作用方式[102]，在长度方向即 z 方向上可以自由变形。因此，黏弹性阻尼块在厚度方向（x 方向）和宽度方向（y 方向）上的刚度和阻尼不相同，其中 x 方向上的刚度由弹性模量决定，y 方向上的刚度由剪切模量决定，其表达式分别如下[103]

$$k_{ux} = \frac{Sk_T}{h} E_v(\omega), \quad k_{vy} = \frac{Sk_s}{h} G_v(\omega) \tag{5.2}$$

式中，k_T、k_s 是 k_{ux} 和 k_{vy} 的形状因子，与黏弹性材料的截面形状有关。

　　在本章中，很难确定影响 k_T 和 k_s 的一些参数值，令 $k_T = k_s \approx 1$，尽管有一定的误差，但对计算结果影响较小。因此，黏弹性阻尼块的作用点为黏弹性阻尼块与叶片相接触的位置，黏弹性阻尼块对叶片在拉压方向（x 方向）和剪切方向（y 方向）上的作用力用等效刚度与其位移分量相乘表达，如下式

$$F_{ux} = k_{ux} u_v = \frac{bl}{h} E_1 (1+\mathrm{i}\eta) u_v, F_{vy} = k_{vy} v_v = \frac{blE_1}{2h(1+\mu_1)}(1+\mathrm{i}\eta) v_v \tag{5.3}$$

式中，$u_v = u(h,t)$、$v_v = v(h,t)$ 分别为黏弹性阻尼块作用点位置处在 x、y 方向上的位移。

5.2　叶片 - 黏弹性阻尼块的动力学方程

采用牛顿力学方法建立叶片 - 黏弹性阻尼块的动力学方程。

　　为建立有效的叶片-黏弹性阻尼块的动力学模型，本章计算采用如下假设[95,96]：

　　（1）叶片-黏弹性阻尼块简化悬臂梁的横向振动为微振动。

　　（2）材料具有各向同性，本构关系满足胡克定律。叶片的横截面和所有有关截面形状的几何参数在面内保持不变。

　　（3）叶片-黏弹性阻尼块简化悬臂梁在变形前垂直于中性轴的截面，在变形后仍为平面，且垂直于该轴线，剪切、扭转和翘曲效应不计，即基于 Euler-Bernoulli 梁假设。

　　（4）不考虑叶片自身周围介质阻尼和材料内部阻尼对振动的影响。

　　（5）不考虑 Coriolis 效应。忽略悬臂梁的纵向位移 u 和沿转轴方向的位移 w。

　　考察悬臂梁微元体 $\mathrm{d}x$ 中轴上的一点 K，变形后移动到了 K' 点，如图 5.2 所示。变形后的微元体 $\mathrm{d}x$ 在惯性坐标系 $OXYZ$ 的位置向量以 r_O 表示

$$r_O = (R+x)\boldsymbol{i} + v(x,t)\boldsymbol{j} \tag{5.4}$$

式中，$\boldsymbol{i},\boldsymbol{j}$ 分别为沿叶片 OX、OY 轴的单位向量。

　　则微元体 $\mathrm{d}x$ 的惯性速度向量 $\boldsymbol{v}_a$ 与加速度向量 $\boldsymbol{a}_a$ 可表示为

$$\left.\begin{aligned} \boldsymbol{v}_a &= v_x \boldsymbol{i} + v_y \boldsymbol{j} \\ \boldsymbol{a}_a &= a_x \boldsymbol{i} + a_y \boldsymbol{j} \end{aligned}\right\} \tag{5.5}$$

式中，

$$\left.\begin{aligned} v_x &= -v(x,t)\Omega \\ v_y &= (R+x)\Omega + \frac{\partial v(x,t)}{\partial t} \end{aligned}\right\} \tag{5.6}$$

$$\left.\begin{aligned} a_x &= -\Omega^2(R+x) - 2\Omega\frac{\partial v(x,t)}{\partial t} \\ a_y &= \frac{\partial v^2(x,t)}{\partial t^2} - \Omega^2 v(x,t) \end{aligned}\right\} \tag{5.7}$$

　　根据牛顿力学原理建立叶片-黏弹性阻尼块的动力学方程。在叶片-黏弹性阻尼块简化悬臂梁（下文简称悬臂梁）的 x 处取一微元体 $\mathrm{d}x$，其受力分析如图 5.3 所示[104]。作用于该微元体上的力分别有横截面上作用的剪力 $Q(x,t)$，轴向离心载荷 $f(x)$，气动载荷 $F_a(t)$，弯矩 $M(x,t)$，变形量分别为 $\frac{\partial Q(x,t)}{\partial x}\mathrm{d}x$，$\mathrm{d}f(x)$，$\mathrm{d}F_a(t)$，$\mathrm{d}M(x,t)$。

　　根据微元体的力和力矩平衡关系建立方程。

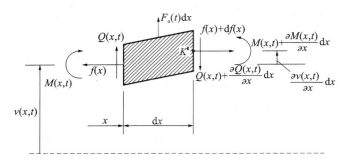

图 5.3　叶片微元体的力学原理图

根据假设，只考虑叶片 - 黏弹性阻尼块的横向振动。因此考虑 y 方向的力平衡，这时引入作用于叶片根部的切向黏弹性力，得到横向振动位移 $v(x,t)$ 与各横向力之间的关系式

$$Q(x,t) - \left[Q(x,t) + \frac{\partial Q(x,t)}{\partial x}\mathrm{d}x \right] + F_a(t)\mathrm{d}x - F_{vy}D(x-h)\mathrm{d}x = \rho A\mathrm{d}x a_y$$

$$(5.8)$$

式中，$Q(x,t)$ 为横截面上作用的剪力；$D(x-h)$ 为作用在叶片根部的黏弹性力；$F_a(t)$ 为前级静子叶片尾流激振产生的均布于叶片压力面的气动载荷，为

$$F_a(t) = F_{a0}\cos(jN\Omega t) \quad j = 1,2,3\cdots \tag{5.9}$$

式中，F_{a0} 为气动力幅值；j 为谐振力阶次；N 为上游叶栅排叶片数目或失速团数目。

$D(x-h)$ 为 Dirac 函数，满足 $D(x) = \begin{cases} +\infty, & x = 0 \\ 0, & x \neq 0 \end{cases}$ 且 $\int_{-\infty}^{+\infty} D(x)\mathrm{d}x = 1$。

将式(5.3)与 $a_y = \dfrac{\partial v^2(x,t)}{\partial t^2} - \Omega^2 v(x,t)$ 代入式(5.8)，并将方程除以 $\mathrm{d}x$，得到

$$\frac{\partial Q(x,t)}{\partial x} = \rho A\Omega^2 v(x,t) - \rho A\frac{\partial v^2(x,t)}{\partial t^2} + F_a(t) - \frac{blE_1}{2h(1+\mu)}(1+\mathrm{i}\eta)v_v D(x-h)$$

$$(5.10)$$

对微元体中性轴上 K' 点取力矩平衡，得到微元体 $\mathrm{d}x$ 的转动方程为

$$\left(M(x,t) + \frac{\partial M(x,t)}{\partial x}\mathrm{d}x \right) - M(x,t) - Q(x,t)\mathrm{d}x - f(x)\frac{\partial v(x,t)}{\partial x}\mathrm{d}x - F_a(t)\mathrm{d}x\frac{\mathrm{d}x}{2} = 0$$

$$(5.11)$$

式中，$f(x)$ 是离心载荷，表达式如下：

$$f(x) = \int_x^L \rho A\Omega^2(R+x)\mathrm{d}x = -\frac{1}{2}\rho A\Omega^2(x-L)(x+2R+L) \tag{5.12}$$

略去包含 dx 的二次项,将式(5.11)简化为

$$Q(x,t) = \frac{\partial M(x,t)}{\partial x} - f(x)\frac{\partial v(x,t)}{\partial x} \tag{5.13}$$

由力矩曲率关系可知,根据假设(1),在小变形情况下,弯矩和挠度有如下关系式

$$M(x,t) = EI\frac{\partial^2 v(x,t)}{\partial x^2} \tag{5.14}$$

将式(5.13)和式(5.14)代入式(5.10),得到基于悬臂梁假设的、叶片 - 黏弹性阻尼块系统的横向振动微分方程为

$$EI\frac{\partial^4 v(x,t)}{\partial x^4} + \rho A\frac{\partial^2 v(x,t)}{\partial t^2} + \frac{1}{2}\rho A\Omega^2(x-L)(x+2R+L)\frac{\partial^2 v(x,t)}{\partial x^2} +$$

$$\rho A\Omega^2(x+R)\frac{\partial v(x,t)}{\partial x} - \rho A\Omega^2 v(x,t) +$$

$$\left(\frac{blE_1}{2h(1+\mu)}(1+\mathrm{i}\eta)\right)v_v D(x-h) = F_a(t)$$

$$\tag{5.15}$$

5.3 叶片 - 黏弹性阻尼块动力学方程的求解方法

5.3.1 Galerkin 离散

黏弹性阻尼块的材料参数可以视为常量的情况下,采用 Galerkin 方法对叶片-黏弹性阻尼块动力学方程式(5.15)进行离散化,然后可以在频域内求解。在给定悬臂边界条件下,可将式(5.15)的解 $v(x,t)$ 设为

$$v(x,t) = \sum_{i=1}^{n}\phi_i(x)q_i(t) \tag{5.16}$$

式中,$\phi_i(x)$ 是第 i 阶模态振型函数,$q_i(t)$ 为相应的广义坐标,n 为截取阶次,取前 n 阶模态。

由悬臂梁假设,特征函数为

$$\phi_i(x) = \cosh\frac{\lambda_i}{L}x - \cos\frac{\lambda_i}{L}x - \frac{\cosh\lambda_i + \cos\lambda_i}{\sinh\lambda_i + \sin\lambda_i}\left(\sinh\frac{\lambda_i}{L}x - \sin\frac{\lambda_i}{L}x\right) \tag{5.17}$$

式中,λ_i 为特征值,满足 $\cos\lambda_i\cosh\lambda_i + 1 = 0$;$L$ 为梁长度,$L = L_0 + h$。

由振型函数的正交性,$\int_0^L \phi_i(x)\phi_k(x)\mathrm{d}x = \begin{cases} 0, & k \neq i \\ L, & k = i \end{cases}$,$\int_0^L \phi_i^{(4)}(x)\phi_k(x)\mathrm{d}x =$

$\begin{cases} 0, & k \neq i \\ \dfrac{\lambda_i^4}{L^3}, & k = i \end{cases}$,可对原方程进行离散。将式(5.16)代入式(5.15),将方程两边同时

乘以 $\phi_k(x)$,并对 x 在整个区间$[0,L]$上进行积分,得

$$EI\sum_{i=1}^n q_i(t)d_1 + \rho A\sum_{i=1}^n \ddot{q}_i(t)d_2 + \frac{1}{2}\rho A\Omega^2\sum_{i=1}^n q_i(t)d_3 + \rho A\Omega^2\sum_{i=1}^n q_i(t)d_4$$

$$- \rho A\Omega^2\sum_{i=1}^n q_i(t)d_2 + \frac{blE_1}{2h(1+\mu)}(1+\mathrm{i}\eta)\sum_{i=1}^n q_i(t)d_5$$

$$= \int_0^L F_{a0}\phi_k(x)\cos(jN\Omega t)\mathrm{d}x \quad (k = 1,2,\cdots,n) \tag{5.18}$$

式中,$d_1 = \int_0^L \phi_i^{(4)}(x)\phi_k(x)\mathrm{d}x$;$d_2 = \int_0^L \phi_i(x)\phi_k(x)\mathrm{d}x$;$d_3 = \int_0^L (x-L)(x+2R+$

$L)\phi_i^{(2)}(x)\phi_k(x)\mathrm{d}x$;$d_4 = \int_0^L (x+R)\phi_i^{(1)}(x)\phi_k(x)\mathrm{d}x$;$d_5 = \int_0^L \phi_i(h)\phi_k(x)D(x-$

$h)\mathrm{d}x$。其中,$\phi_i^{(m)}(x) = \dfrac{\mathrm{d}^m\phi_i(x)}{\mathrm{d}x}$,表示振型函数对 x 的 m 阶导数。

式(5.18)可以写成如下矩阵形式

$$M\ddot{q}(t) + Kq(t) = F(t) \tag{5.19}$$

式中,$q(t) = \{q_1(t) \quad \cdots \quad q_n(t)\}^\mathrm{T}$ 为广义坐标下的位移向量;$M = \rho AL\,\mathrm{diag}(1,1,\cdots,1)_{n\times n}$ 是质量矩阵;$K = K_e + K_c + K_v(\omega)$ 为叶片-黏弹性阻尼块的刚度矩阵,具有复值、非对称的特点,其中,$K_v(\omega)$ 具有频率依赖等特点。

在 K 刚度矩阵中,K_e 为弹性刚度矩阵,K_c 为离心刚度矩阵,$K_v(\omega)$ 为黏弹性刚度矩阵,其表达式分别为式(5.20)—式(5.22)。

$$K_e = \frac{EI}{L^3}\mathrm{diag}(\lambda_1^4,\lambda_2^4,\cdots\lambda_n^4)_{n\times n} \tag{5.20}$$

$$K_c = \frac{1}{2}\rho A\Omega^2 \begin{bmatrix} \int_0^L (x-L)(x+2R+L)\phi_1^{(2)}(x)\phi_1(x)\mathrm{d}x & \cdots & \int_0^L (x-L)(x+2R+L)\phi_1^{(2)}(x)\phi_n(x)\mathrm{d}x \\ \vdots & & \vdots \\ \int_0^L (x-L)(x+2R+L)\phi_n^{(2)}(x)\phi_1(x)\mathrm{d}x & \cdots & \int_0^L (x-L)(x+2R+L)\phi_n^{(2)}(x)\phi_n(x)\mathrm{d}x \end{bmatrix}_{n\times n} +$$

$$\rho A\Omega^2 \begin{bmatrix} \int_0^L (x+R)\phi_1^{(1)}(x)\phi_1(x)\mathrm{d}x & \cdots & \int_0^L (x+R)\phi_1^{(1)}(x)\phi_n(x)\mathrm{d}x \\ \vdots & & \vdots \\ \int_0^L (x+R)\phi_n^{(1)}(x)\phi_1(x)\mathrm{d}x & \cdots & \int_0^L (x+R)\phi_n^{(1)}(x)\phi_n(x)\mathrm{d}x \end{bmatrix}_{n\times n} -$$

$$\rho A\Omega^2 L \mathrm{diag}(1,1,\cdots,1)_{n\times n} \tag{5.21}$$

$$\boldsymbol{K}_v(\omega) = \frac{blE_1}{2h(1+\mu)}(1+\mathrm{i}\eta)\mathrm{diag}\left(\phi_1^2(h),\phi_2^2(h),\cdots,\phi_n^2(h)\right)_{n\times n} \tag{5.22}$$

对应于广义坐标 $\boldsymbol{q}(t)$ 的外载荷向量为

$$\boldsymbol{F}(t) = F_{a0}\cos(jN\Omega t)\left[\int_0^L \phi_1(x)\mathrm{d}x, \int_0^L \phi_2(x)\mathrm{d}x, \cdots, \int_0^L \phi_n(x)\mathrm{d}x\right]^\mathrm{T} \tag{5.23}$$

5.3.2　固有特性的求解

齐次方程 $\boldsymbol{M\ddot{q}}(t) + \boldsymbol{Kq}(t) = \boldsymbol{0}$ 的解有指数形式

$$\boldsymbol{q}(t) = \boldsymbol{\psi}\mathrm{e}^{\mathrm{i}\lambda t} \tag{5.24}$$

代入到齐次方程中,有特征方程

$$\left[\boldsymbol{K} - \lambda^2\boldsymbol{M}\right]\boldsymbol{\psi} = \boldsymbol{0} \tag{5.25a}$$

或

$$\boldsymbol{K\psi}_k = \lambda_k^2\boldsymbol{M\psi}_k \tag{5.25b}$$

式中,λ_k 为第 k 阶特征值,$\boldsymbol{\psi}_k$ 为对应的右特征向量,$k = 1,2,\cdots,n$。

考虑到矩阵 $\boldsymbol{M}$ 是对称的,$\boldsymbol{K}$ 是非对称的,则还需要求解特征方程式(5.25)的伴随问题(adjoint problem)。可通过相应的伴随系统(adjoint system)得到左特征向量 $\boldsymbol{\psi}_j$

$$\boldsymbol{K}^\mathrm{T}\boldsymbol{\psi}_j = \lambda_j^2\boldsymbol{M}^\mathrm{T}\boldsymbol{\psi}_j \tag{5.26}$$

式中,λ_j 为第 j 阶特征值,$\boldsymbol{\psi}_j$ 为第 j 阶左特征向量,$j = 1,2,\cdots,n$。

将式(5.25b)式左乘 $\boldsymbol{\psi}_j^\mathrm{T}$,则有

$$\boldsymbol{\psi}_j^\mathrm{T}\boldsymbol{K\psi}_k = \lambda_k^2\boldsymbol{\psi}_j^\mathrm{T}\boldsymbol{M\psi}_k \tag{5.27}$$

式(5.26)转置后右乘 $\boldsymbol{\psi}_k$,得到

$$\boldsymbol{\psi}_j^\mathrm{T}\boldsymbol{K\psi}_k = \lambda_j^2\boldsymbol{\psi}_j^\mathrm{T}\boldsymbol{M\psi}_k \tag{5.28}$$

由 $\det(\boldsymbol{M}) = \det(\boldsymbol{M}^\mathrm{T})$ 且 $\det(\boldsymbol{K}) = \det(\boldsymbol{K}^\mathrm{T})$ 得式(5.27)与式(5.28)有相同的特征值,则有 $\det(\boldsymbol{K} - \lambda_j^2\boldsymbol{M}) = \det(\boldsymbol{K}^\mathrm{T} - \lambda_j^2\boldsymbol{M}^\mathrm{T})$。式(5.28)与式(5.27)相减,得到

$$(\lambda_k^2 - \lambda_j^2)\boldsymbol{\psi}_j^\mathrm{T}\boldsymbol{M\psi}_k = 0 \tag{5.29}$$

为便于分析,认为所有特征值各不相同。即当 $k \neq j$ 时,$\lambda_k^2 \neq \lambda_j^2$。则有

$$\boldsymbol{\psi}_j^{\mathrm{T}} \boldsymbol{M} \boldsymbol{\psi}_k = 0, \quad \boldsymbol{\psi}_j^{\mathrm{T}} \boldsymbol{K} \boldsymbol{\psi}_k = 0 \tag{5.30}$$

当 $k = j$,得到

$$\boldsymbol{\psi}_j^{\mathrm{T}} \boldsymbol{M} \boldsymbol{\psi}_j = m_j, \quad \boldsymbol{\psi}_j^{\mathrm{T}} \boldsymbol{K} \boldsymbol{\psi}_j = k_j \tag{5.31}$$

式中,m_j 是模态质量(主质量),k_j 是模态刚度(主刚度),$j = 1, 2, \cdots, n$。

可得特征值与模态质量、模态刚度的关系

$$\lambda_j^2 = \frac{k_j}{m_j} \tag{5.32}$$

显然特征向量 $\boldsymbol{\psi}_j$ 与 $\boldsymbol{\psi}_k$ 具有关于 $\boldsymbol{M}$ 和 $\boldsymbol{K}$ 的加权正交性,记作

$$\boldsymbol{\psi}_j^{\mathrm{T}} \boldsymbol{M} \boldsymbol{\psi}_k = \begin{cases} 0 & j \neq k \\ m_j & j = k \end{cases} \quad j, k = 1, 2, \cdots, n \tag{5.33}$$

$$\boldsymbol{\psi}_j^{\mathrm{T}} \boldsymbol{K} \boldsymbol{\psi}_k = \begin{cases} 0 & j \neq k \\ k_j & j = k \end{cases} \quad j, k = 1, 2, \cdots, n \tag{5.34}$$

复刚度系统的第 j 阶特征值的形式可写作[105]

$$\lambda_j^2 = \omega_j^2 (1 + \mathrm{i} \eta_j) \tag{5.35}$$

式中,ω_j 为系统固有频率;η_j 为系统模态损耗因子。

则固有频率为

$$\omega_j = \sqrt{\mathrm{Re}(\lambda_j^2)} \tag{5.36}$$

损耗因子为

$$\eta_j = \mathrm{Im}(\lambda_j^2) / \mathrm{Re}(\lambda_j^2) \tag{5.37}$$

5.3.3　频域响应的求解

叶片 - 黏弹性阻尼块的频域响应可以根据式(5.18)在频域内的变换直接求解得到。式(5.19)通过 Fourier 变换表达为频域上的运动方程

$$[-\lambda^2 \boldsymbol{M} + \boldsymbol{K}(\lambda)] \boldsymbol{Q}(\lambda) = \boldsymbol{F}(\lambda) \tag{5.38}$$

式中,$\boldsymbol{F}(\lambda)$ 和 $\boldsymbol{Q}(\lambda)$ 是 $\boldsymbol{F}(t)$ 和 $\boldsymbol{q}(t)$ 傅里叶变换的结果。

叶片 - 黏弹性阻尼块的外激励为

$$\boldsymbol{F}(\lambda) = \boldsymbol{H}_F(\lambda) \mathrm{e}^{\mathrm{i}\Phi(\lambda)} = F_{a0} \left[\int_0^L \phi_1(x)\,\mathrm{d}x, \int_0^L \phi_2(x)\,\mathrm{d}x, \cdots, \int_0^L \phi_n(x)\,\mathrm{d}x \right]^{\mathrm{T}} D(\lambda - jN\Omega)$$

$$\tag{5.39}$$

式中，$H_F(\lambda)$ 是 $F(\lambda)$ 的幅值，$D(\lambda - jN\Omega)$ 是 Dirac 函数，满足 $D(x) = \begin{cases} +\infty, & x = 0 \\ 0, & x \neq 0 \end{cases}$ 且 $\int_{-\infty}^{+\infty} D(x)\mathrm{d}x = 1$。

叶片 - 黏弹性阻尼块在频域内的响应为

$$Q(\lambda) = H_q(\lambda)\mathrm{e}^{i\Phi(\lambda)} \tag{5.40}$$

式中，$H_q(\lambda)$ 是 $Q(\lambda)$ 的幅值，$\Phi(\lambda)$ 是 $Q(\lambda)$ 的相角。

将式(5.39)和式(5.40)代入式(5.38)得

$$H_q(\lambda) = H(\lambda)H_F(\lambda) \tag{5.41}$$

即

$$H(\lambda) = \left[-\lambda^2 M + K(\lambda)\right]^{-1} \tag{5.42}$$

式中，$H(\lambda)$是频域响应函数矩阵。

设物理坐标系中矢量 $q(t)$ 在模态坐标系中的模态坐标为 $y(t)$，则

$$q(t) = \psi y(t) \tag{5.43}$$

式中，ψ 是变换矩阵。

式(5.43)通过 Fourier 变换得到频域内的表达式为

$$Q(\lambda) = \psi(\lambda)Y(\lambda) \tag{5.44}$$

将式(5.43)代入式(5.19)，左乘 ψ^T，利用模态矢量的正交性，得

$$\mathrm{diag}[m_j]\ddot{y}(t) + \mathrm{diag}[k_j]y(t) = \psi^\mathrm{T}F(t) \tag{5.45}$$

式中，diag 为对角矩阵。

式(5.45)通过 Fourier 变换得到频域内的表达式为

$$\mathrm{diag}[-\lambda^2 m_j + k_j]Y(\lambda) = \psi^\mathrm{T}(\lambda)F(\lambda) \tag{5.46}$$

叶片 - 黏弹性阻尼块在频域内的响应为

$$Y(\lambda) = H_Y(\lambda)\mathrm{e}^{i\Phi(\lambda)} \tag{5.47}$$

将式(5.39)、式(5.47)代入式(5.46)，得

$$\mathrm{diag}[-\lambda^2 m_j + k_j]H_Y(\lambda) = \psi^\mathrm{T}(\lambda)H_F(\lambda) \tag{5.48}$$

即

$$H_Y(\lambda) = \mathrm{diag}[-\lambda^2 m_j + k_j]^{-1}\psi^\mathrm{T}(\lambda)H_F(\lambda) \tag{5.49}$$

将式(5.40)和式(5.47)代入式(5.44)，得

$$H_q(\lambda) = \psi(\lambda)\mathrm{diag}[-\lambda^2 m_j + k_j]^{-1}\psi^\mathrm{T}(\lambda)H_F(\lambda) \tag{5.50}$$

$oxyz$ 坐标系下的频域响应幅值为广义坐标下的频域响应幅值的叠加，则有

$$H(x_0) = \phi(x_0)H_q(\omega) = \sum_{i=1}^{n}\phi_i(x_0)H_{qi}(\omega) \tag{5.51}$$

式中,x_0 为提取响应处距原点 o 高度,满足 $h \leqslant x_0 \leqslant L$,叶根处 $x_0 = h$,叶尖处 $x_0 = L$;根据式(5.17),有 $\boldsymbol{\phi}(x_0) = [\phi_1(x_0), \phi_2(x_0), \cdots, \phi_n(x_0)]^{\mathrm{T}}$ 为 x_0 处的振型函数向量。

5.4　数值计算与讨论

本节研究施加在叶根处的黏弹性阻尼块对叶片的固有频率与模态阻尼比的影响。黏弹性阻尼块的参数主要有厚度、储能模量和损耗因子等。同时,考虑转速对叶片-黏弹性阻尼块的固有特性的影响。设前级静子叶片数目 $N = 36$,谐振次数 $j = 1$,轮盘半径为叶片长度的倍数,即 $R = 1.2L$。为与静止态实验数据对照设置转速为 0,在考虑转速对叶片-黏弹性阻尼块的固有频率和模态阻尼比的影响时,设转速范围为 $0 \sim 60000$ r/min。叶片简化时,只取其前 3 阶模态($n = 3$)进行截断,即式(5.19)中 $\boldsymbol{M}$ 和 $\boldsymbol{K}$ 矩阵的维数为 3。

5.4.1　叶片-黏弹性阻尼块的材料和几何参数

在分析时,认为黏弹性阻尼块的弹性模量在某一激振频率处为常值。黏弹性阻尼块的材料参数见表 5.1。在叶片根部施加的黏弹性阻尼块的几何尺寸见表5.2。

表 5.1　黏弹性阻尼块的材料参数

	材料	弹性模量(Pa)	泊松比	密度(kg/m³)	损耗因子
黏弹性阻尼块	Zn-33	1×10^0	0.498	930	0.9683

表 5.2　黏弹性阻尼块的几何尺寸(mm)

长度 l	宽度 b	厚度 h
45.60	11.30	1.48

采用实测的方法对叶片结构进行材料和几何参数的确认。叶片的材料参数如表 5.3 所示。

表 5.3　叶片的材料参数

	材料	弹性模量（Pa）	泊松比	密度（kg/m³）	损耗因子
叶片	1Cr11Ni2W2MoV	214×10^9	0.3	7800	—

对叶片夹具施加 30 N·m 的力矩，并将材料为 ZN-33 的橡胶块固定在叶片夹具槽与叶片根部上。使用振动台对加装黏弹性阻尼块前后的叶片进行扫频，得到固有频率，并在所得各阶固有频率处对叶片进行定频激励，获得共振响应。采用自由振动衰减的包络线法获得某一激振频率下的模态阻尼比，采用激光测振仪拾取叶片响应数据，本实验的装置简图如图 5.4 所示。

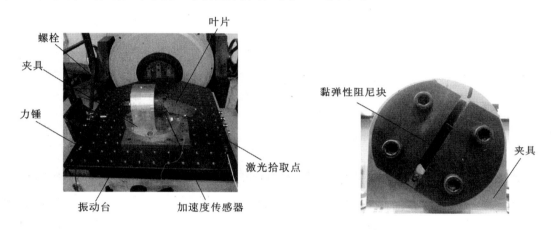

图 5.4　叶片-黏弹性阻尼块的实验装置示意图

本章中的理论分析主要考虑在添加黏弹性阻尼块后，材料阻尼对叶片固有频率和响应的影响，因此，只需要采用未添加黏弹性阻尼块之前的实验数据，通过 Rayleigh 方法获得未添加黏弹性阻尼块的叶片的系统阻尼比。添加黏弹性阻尼块后的阻尼采用材料阻尼。实验数据如表 5.4 所示。

表 5.4　实验测得的叶片的固有频率及模态阻尼比

阶次	振型	固有频率（Hz）	模态阻尼比（%）
1	一弯	253.25	0.0954
2	一弯	1011.75	0.0818
3	一扭	1189.50	0.0242

对叶片前 3 阶固有频率相一致的情况进行模型简化，得到叶片简化成悬臂梁时的几何参数。首先利用悬臂梁固有频率计算公式

$$\omega_i = \frac{\lambda_i^2}{L_0^2}\sqrt{\frac{EI}{\rho A}} = \frac{\lambda_i^2 H}{L_0^2}\sqrt{\frac{E}{12\rho}}$$

式中，ω_i 取模态实验所测得的叶片的圆频率。

取叶片模化悬臂梁宽度 B 为加装黏弹性层长度值，即 $B=l=45.6$ mm，再取叶片模化悬臂梁长度 L_0 为实测叶片高度，$L_0=130$ mm，进而得到悬臂梁厚度 H。所得到叶片前 3 阶悬臂梁模型模化的几何参数如表 5.5 所示。

表 5.5　叶片简化为悬臂梁时的几何参数（mm）

模化阶次	长度 L_0	宽度 B	厚度 H
1	130	45.6	5.07
2	130	45.6	3.22
3	130	45.6	1.35

5.4.2　共振特性

对静止态下的叶片-黏弹性阻尼块进行固有特性计算，并与测试数据对照。

以均布气动载荷模拟激振能量，并分别改变激振能量 0.5～3 g，计算叶片-黏弹性阻尼块的共振特性。在式（5.15）中去掉黏弹性力项，令黏弹性阻尼块厚度 $h=0$，即可以得到略去黏弹性阻尼块时的共振曲线。

所得叶片-黏弹性阻尼块静止态下叶尖处的频域响应结果如图 5.5 所示。

从共振特性可以看出，带黏弹性阻尼块后共振点发生了偏移，共振幅值发生了变化，具体如下：

（1）共振点的偏移：第 1 阶从 253 Hz 到 247.34 Hz，下降了 2.24%；第 2 阶从 1012.15 Hz 到 989.57 Hz，下降了 2.23%；第 3 阶从 1189.25 Hz 到 1163.8 Hz，下降了 2.14%。

从前 3 阶数据来看，带黏弹性阻尼块后叶片的共振点均下降，且降幅相近。

（2）共振幅值的变化：选定阶次，在各激振能量下，共振幅值变化趋势相同，以 0.5 g 激振能量为例。第 1 阶从 0.3382 mm 到 0.2256 mm，下降了 33.29%，减振效果明显；第 2 阶从 0.0106 mm 到 0.0103 mm，降低了 2.83%；第 3 阶从 0.0053 mm 到 0.0017 mm，下降了 67.92%，减振效果明显。如表 5.6 所示为实验测试的有无黏弹性阻尼块的共振幅值的变化，其中，第 1 阶幅值下降了 13.36%，第 2 阶

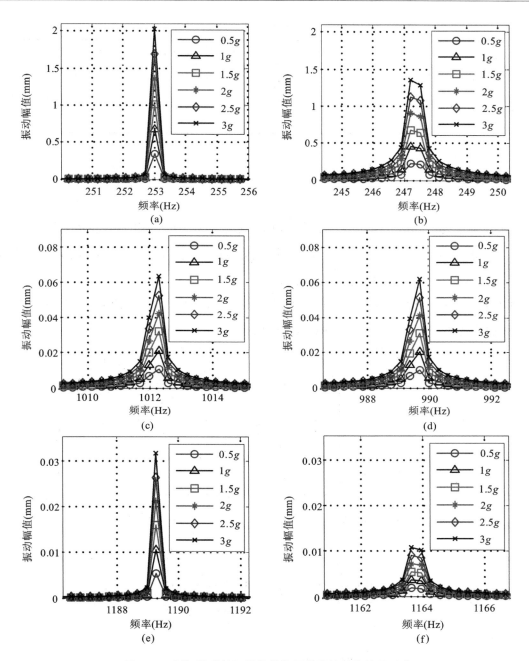

图 5.5　叶片-黏弹性阻尼块的共振特性的数值结果对比

(a)略去黏弹性阻尼块,第 1 阶;(b)带黏弹性阻尼块,第 1 阶;(c)略去黏弹性阻尼块,第 2 阶;

(d)带黏弹性阻尼块,第 2 阶;(e)略去黏弹性阻尼块,第 3 阶;(f)带黏弹性阻尼块,第 3 阶

幅值下降了 21.9%,第 3 阶幅值下降了 11.8%。实验值与仿真值趋势基本一致,验证了数值仿真的正确性。

表 5.6　实验测试的共振幅值（mm）

阶次	激振能量	响应点	无黏弹性阻尼块	有黏弹性阻尼块
1	0.5 g	叶尖	0.3645	0.3158
2	1 g	叶尖	0.0283	0.0221
3	1 g	叶尖	0.0669	0.0590

5.4.3　响应特性

对静止态下的叶片-黏弹性阻尼块进行响应计算，并与测试数据对照。

以均布气动载荷模拟激振能量，激振能量为 0.5 g，改变黏弹性阻尼块的层数计算叶片-黏弹性阻尼块的响应特性。

所得叶片-黏弹性阻尼块静止态下叶尖处的仿真值与实验值响应结果如图5.6所示，其中虚线表示实验值，实线表示仿真值。

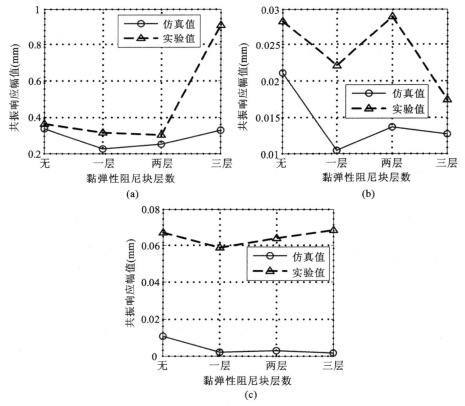

图 5.6　叶片-黏弹性阻尼块的共振响应的数值与实验结果对比

（a）第 1 阶；（b）第 2 阶；（c）第 3 阶

由图 5.6(a)可以看出,叶片-黏弹性阻尼块的共振响应的仿真值与实验值的趋势基本相同,无黏弹性阻尼块以及有一层、两层和三层叶片-黏弹性阻尼块的仿真值与实验值的偏差分别为 0.72%、28.5%、17.6%和 63.9%。

施加一层和两层黏弹性阻尼块的叶片的响应值都低于无黏弹性阻尼块的叶片的响应值,以实验值为例,与未施加黏弹性阻尼块的叶片相比,共振响应分别下降了 13.36%、16.87%,减振效果明显。在施加三层黏弹性阻尼块后叶片的共振响应仿真值下降 3.1%,而叶片的共振响应实验值上升。

由图 5.6(b)可以看出,叶片-黏弹性阻尼块的共振响应的仿真值与实验值的趋势基本相同,无黏弹性阻尼块以及有一层、两层和三层叶片-黏弹性阻尼块的仿真值与实验值的偏差分别为 25.4%、53.25%、52.9%和 26.8%。

施加两层黏弹性阻尼块的叶片共振响应实验值略高于无黏弹性阻尼块的实验值,其仿真值低于无黏弹性阻尼块的仿真值。以实验值为例,与未施加黏弹性阻尼块的叶片相比,其共振响应幅值上升了 2.3%。在施加一层和三层黏弹性阻尼块后叶片的共振响应仿真值下降,分别为 36.9%、39.6%;叶片的共振响应实验值下降,分别为 21.9%、38.5%,减振效果明显。

由图 5.6(c)可以看出,叶片-黏弹性阻尼块的共振响应的仿真值与实验值的趋势基本相同,无黏弹性阻尼块以及有一层、两层和三层黏弹性阻尼块的叶片的仿真值与实验值的偏差分别为 84.3%、96.9%、95.5%和 97.9%。

对于仿真值,施加不同层的黏弹性阻尼块后叶片的共振响应幅值与未施加黏弹性阻尼块的叶片相比,共振响应幅值分别下降了 83.1%、72.3%和 86.9%,减振效果明显。对于实验值,在施加一层和两层的黏弹性阻尼块后叶片的共振响应幅值与未施加黏弹性阻尼块的叶片相比,共振响应幅值分别下降了 11.8%、4.3%,施加三层的黏弹性阻尼块后叶片的共振响应幅值上升了 2.0%。

由以上结果可见,本章采用的计算方法要比实验结果所得响应要小。但趋势同实验一致。考虑可能的原因有:以气流激振来模拟基础激励,导致实际激振力不足;叶片模化时主要依据固有频率进行模化,没有考虑损耗因子的变化,因此导致振动幅值存在误差。

5.5 黏弹性阻尼块参数对固有特性的影响

考虑黏弹性阻尼块的厚度、储能模量、损耗因子以及转速对叶片-黏弹性阻尼块的固有频率与模态阻尼比的影响。

5.5.1　黏弹性阻尼块厚度的影响

假定黏弹性阻尼块的厚度从 1 mm 变化至 6 mm，得到叶片在施加不同黏弹性阻尼块厚度的固有频率和模态阻尼比，如表 5.7 所示。图 5.7 给出了叶片-黏弹性阻尼块的固有频率和模态阻尼比随厚度的变化。

表 5.7　不同黏弹性阻尼块厚度下叶片的固有频率和模态阻尼比

黏弹性阻尼块厚度（mm）	第 1 阶		第 2 阶		第 3 阶	
	固有频率（Hz）	模态阻尼比（%）	固有频率（Hz）	模态阻尼比（%）	固有频率（Hz）	模态阻尼比（%）
1	249.15	6.05e−4	996.78	2.28e−3	1171.5	3.04e−2
2	245.39	4.77e−3	981.89	1.77e−2	1156.2	2.31e−1
3	241.75	1.59e−2	967.58	5.78e−2	1144.9	7.35e−1
4	238.21	3.70e−2	952.80	1.33e−1	1138.6	1.63
5	234.78	7.12e−2	941.00	2.50e−1	1137.9	2.94
6	231.46	1.21e−1	928.82	4.17e−1	1143.1	4.66

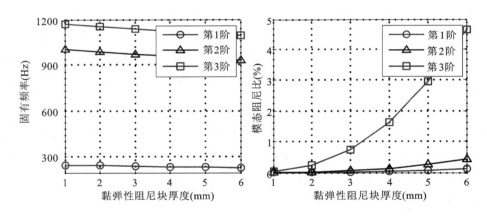

图 5.7　黏弹性阻尼块的厚度对叶片固有频率及模态阻尼比的影响

由图 5.7 和表 5.7 可以看出，随着黏弹性阻尼块厚度的增加，叶片-黏弹性阻尼块的固有频率缓慢降低，模态阻尼比逐渐上升。以黏弹性阻尼块的厚度为 1 mm 和 2 mm 对应的第 1 阶固有频率和模态阻尼比的变化为例，固有频率由 249.15 Hz 下降到现在的 245.39 Hz；模态阻尼比由 6.05e−4% 升高到 4.77e−3%。说明增加黏弹性阻尼块的厚度对提高系统阻尼效果明显,但是要根据实际结构适当选取黏弹性阻尼块的厚度。

5.5.2　黏弹性阻尼块储能模量的影响

假定黏弹性阻尼块的储能模量从 500 MPa 变化至 4000 MPa,表 5.8 给出了不同储能模量下叶片-黏弹性阻尼块的固有频率和模态阻尼比。图 5.8 给出了叶片-黏弹性阻尼块的固有频率和模态阻尼比随储能模量的变化。

表 5.8　不同储能模量下叶片的固有频率和模态阻尼比

储能模量 (MPa)	第 1 阶		第 2 阶		第 3 阶	
	固有频率 (Hz)	模态阻尼比 (%)	固有频率 (Hz)	模态阻尼比 (%)	固有频率 (Hz)	模态阻尼比 (%)
500	247.34	9.73e−10	989.49	3.65e−9	1162.6	4.82e−8
700	241.86	1.35e−9	967.59	5.05e−9	1136.9	6.68e−8
1000	236.56	1.90e−9	946.4	7.14e−9	1112	9.44e−8
2000	231.44	3.77e−9	925.9	1.41e−8	1087.9	1.87e−7
3000	226.48	5.59e−9	906.06	2.09e−8	1064.6	2.77e−7
4000	221.68	7.38e−9	886.85	2.77e−8	1042	3.66e−7

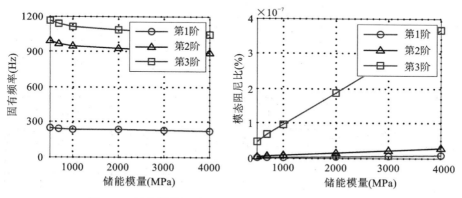

图 5.8　储能模量对叶片固有频率及模态阻尼比的影响

由图 5.8 和表 5.8 可以看出,随着黏弹性阻尼块的储能模量的增加,叶片-黏弹性阻尼块的固有频率逐渐降低,而模态阻尼比逐渐升高。以黏弹性阻尼块的储能模量为 500 MPa 和 700 MPa 对应的第 1 阶固有频率和模态阻尼比的变化为例,固有频率由 247.34 Hz 下降到现在的 241.86 Hz,降低了 2.2%;模态阻尼比由

9.73e−10%升高到1.35e−9%,升高了38.7%。说明选取储能模量大的阻尼材料有利于提高结构的阻尼。

5.5.3 黏弹性阻尼块损耗因子的影响

假定黏弹性阻尼块的损耗因子从0.5变化至1.5,表5.9给出了不同损耗因子下叶片-黏弹性阻尼块的固有频率和模态阻尼比。图5.9给出了叶片-黏弹性阻尼块的固有频率和模态阻尼比随损耗因子的变化。

由图5.9和表5.9可以看出,随着黏弹性阻尼块的损耗因子的增大,叶片-黏弹性阻尼块的固有频率逐渐降低,而模态阻尼比却显著增加,尤其是第3阶。说明要选取损耗因子大的阻尼材料才直接有利于提高结构的阻尼。

表5.9　不同损耗因子下叶片的固有频率和模态阻尼比

损耗因子	第1阶		第2阶		第3阶	
	固有频率 (Hz)	模态阻尼比 (%)	固有频率 (Hz)	模态阻尼比 (%)	固有频率 (Hz)	模态阻尼比 (%)
0.5	247.34	1.01e−3	989.57	3.77e−3	1163.8	4.97e−2
0.7	241.87	1.39e−3	967.66	5.21e−3	1138	6.88e−2
0.9	236.57	1.77e−3	946.47	6.63e−3	1113.1	8.76e−2
1.1	231.45	2.14e−3	925.97	8.02e−3	1089	1.06e−1
1.3	226.49	2.50e−3	906.13	9.38e−3	1065.6	1.24e−1
1.5	221.68	2.86e−3	886.92	1.07e−2	1043	1.42e−1

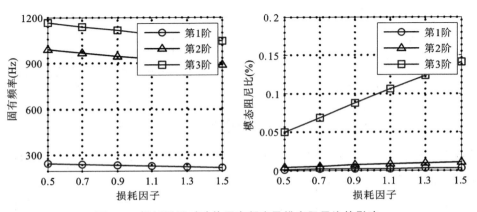

图5.9　损耗因子对叶片固有频率及模态阻尼比的影响

以黏弹性阻尼块的损耗因子为 0.5 和 0.7 对应的第 1 阶固有频率和模态阻尼比的变化为例,固有频率由 247.34 Hz 下降到现在的 241.87 Hz,降低了 2.2%;模态阻尼比由 1.01e−3% 升高到 1.39e−3%,升高了 37.6%。

5.5.4 转速的影响

改变转速(0~60000 r/min),得叶片-黏弹性阻尼块的各阶固有频率及模态阻尼比,如表 5.10 所示。由表 5.10 的数据绘制出叶片-黏弹性阻尼块的 Campbell 图,如图5.10所示。

表 5.10 不同转速下叶片的固有频率和模态阻尼比

转速 (r/min)	第 1 阶		第 2 阶		第 3 阶	
	固有频率 (Hz)	模态阻尼比 (%)	固有频率 (Hz)	模态阻尼比 (%)	固有频率 (Hz)	模态阻尼比 (%)
0	247.34	2.56e−2	989.5	9.58e−2	1162.8	1.26
10000	377.15	1.06e−2	1182.5	6.42e−2	1614.2	6.28e−2
20000	619.86	4.01e−3	1652.1	3.16e−2	2542.2	2.41e−1
30000	882.34	2.09e−3	2224.8	1.68e−2	3587.6	1.16e−1
40000	1149.3	1.30e−3	2835.5	9.97e−3	4666.7	6.57e−2
50000	1417.3	8.82e−4	3462.0	6.45e−3	5756.4	4.13e−2
60000	1685.3	6.31e−4	4095.1	4.44e−3	6848.2	2.80e−2

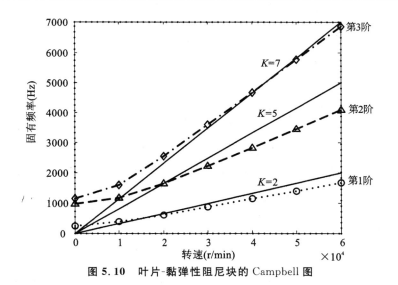

图 5.10 叶片-黏弹性阻尼块的 Campbell 图

　　由表 5.10 可以看出,随着转速的升高,叶片-黏弹性阻尼块的固有频率逐渐升高,模态阻尼比逐渐下降。

　　以转速为 10000 r/min 和 20000 r/min 对应的第 1 阶固有频率和模态阻尼比的变化为例,固有频率由 247.34 Hz 升高到现在的 377.15 Hz,上升了 52.5%;模态阻尼比由 2.56e−2% 下降到 1.06e−2%,下降了 58.6%,说明随着转速的升高,黏弹性阻尼块的减振效果减弱。

　　由图 5.10 可以看出,当叶片-黏弹性阻尼块的工作转速在 10000 r/min 左右时,其第 2 阶频率曲线与激振频率线 $K=7$ 相交,容易发生共振;当叶片-黏弹性阻尼块的工作转速范围在 10000~20000 r/min 时,其第 1 阶频率曲线与激振频率线 $K=2$ 相交,容易发生共振;由于叶片-黏弹性阻尼块的第 3 阶频率曲线与激振频率线 $K=7$ 相交在转速 40000~50000 r/min 处,不在工作转速范围内,因此不会引起共振。

6 基于实验测试的黏弹性材料复合结构的有限元方法的确认

黏弹性材料的本构关系随时间、频率和温度的变化而变化,使得对弹性-黏弹性复合结构的动力学特性分析大为复杂化,合理地选取黏弹性材料分析中的本构模型非常重要。由于黏弹性材料的弹性模量是复模量,其固有特性求解的结果为复模态,其材料参数具有频率依赖性,传统的求解黏弹性材料复合结构的方法不再适用。因此,研究在有限元软件中针对不同的本构模型如何计算复合结构的固有频率和损耗因子具有重要意义。

本章主要对黏弹性材料复合结构的有限元分析方法进行比较与确认,为开展叶根施加黏弹性阻尼块的有限元数值计算方法的研究奠定基础。本章详细地介绍了黏弹性材料的本构模型,重点阐述了黏弹性材料本构模型在有限元中的实施。采用模态应变能法求解复合层梁的固有频率和损耗因子。通过实验验证所得结果的正确性。

6.1 黏弹性材料的本构关系

黏弹性材料的力学性能与金属材料不完全相同,经典的胡克定律不再适用,同时黏弹性材料的性能还受时间、温度、频率等因素的影响,不能用普通准静态的蠕变与应力松弛来描述,需要寻求新的材料的本构关系。

黏弹性材料的性能差异大,影响因素多,到目前为止没有一种公认的简便且完善的本构理论能对黏弹性材料的行为做出适当的描述,又能揭示其物理本质,同时还便于数学模型求解,所以目前所建立的黏弹性材料的本构模型大都是通过理论、经验、实验和数值模拟建立的。目前,国内外普遍采用的黏弹性本构关系有积分型本构关系和微分型本构关系,积分型本构关系是基于黏弹性材料在常温下小变形条件下的线性叠加特性；微分型本构关系是对 Maxwell 流体模型和 Kelvin 固体模型的扩展。

6.1.1 积分型标准力学模型

在小应变理论下，各向同性的黏弹性材料的应力函数及其本构关系可以写成如下积分形式

$$\sigma = \int_0^t 2G(t-\tau)\frac{\mathrm{d}e}{\mathrm{d}\tau}\mathrm{d}\tau + I\int_0^t K(t-\tau)\frac{\mathrm{d}\Delta}{\mathrm{d}\tau}\mathrm{d}\tau \tag{6.1}$$

式中，σ 为 Cauchy 应力，$G(t)$ 为剪切松弛模量，$K(t)$ 为体积松弛模量，e 为剪切应变，Δ 为体积应变，t 为当前时间，τ 为过去时间，I 为单位张量。

ANSYS 中描述黏弹性积分模量函数 $G(t)$ 和 $K(t)$ 的表示方式主要有两种，一种是广义 Maxwell 单元（如 VISCO88 和 VISCO89 单元）所采用的 Maxwell 单元形式，一种是结构单元（如 PLANE182、PLANE183；SOLID185-187 单元）所采用的 Prony 级数形式[106]。实际上，这两种表示方式是一致的，只是具体数学表达式有一点不同。

6.1.2 广义 Maxwell 模型

ANSYS 中的黏弹性模型是 Maxwell 模型的通用积分形式，其松弛函数由 Prony 级数表示。

用广义 Maxwell 单元表示黏弹性属性的基本形式为

$$\left.\begin{array}{l} G(\xi) = G_\infty + \sum_{i=1}^{n_G} C_i(G_0 - G_\infty)\cdot e^{-\frac{\xi}{\tau_i^G}} \\[3mm] K(\xi) = K_\infty + \sum_{i=1}^{n_K} D_i(K_0 - K_\infty)\cdot e^{-\frac{\xi}{\tau_i^K}} \end{array}\right\} \tag{6.2}$$

式中，G、K 分别为剪切模量、体积松弛模量；G_0、K_0 分别为初始剪切模量、体积松弛模量；G_∞、K_∞ 分别为最终剪切模量、体积松弛模量；n_G、n_K 为 Maxwell 单元个数，用于描述近似剪切模量、体积松弛模量个数，$n_G \leqslant 10$，$n_K \leqslant 10$；C_i、D_i 分别为剪切模量、体积松弛模量的松弛系数，使用时，确保 $\sum C_i = 1.0$，$\sum D_i = 1.0$；τ_i^G、τ_i^K 是松弛时间；ξ 为折算时间，由于不考虑温度载荷，方程中的折算时间就是实际时

间，即 $\xi = t$。

$$\left.\begin{array}{l} C_i = \dfrac{G_i}{G_0 - G_\infty} \\[4mm] D_i = \dfrac{K_i}{K_0 - K_\infty} \end{array}\right\} \tag{6.3}$$

$$\left.\begin{array}{l} G_0 = G(t=0) = G_\infty + \displaystyle\sum_{i=1}^{n_G} G_i \\[5mm] K_0 = K(t=0) = K_\infty + \displaystyle\sum_{i=1}^{n_K} K_i \end{array}\right\} \tag{6.4}$$

ANSYS 中采用广义 Maxwell 模型形式表示黏弹性行为，它是通用模型；Maxwell、Kelvin-Voigt 是其特殊情况。采用应力松弛函数的 Prony 级数表示法来模拟黏弹性，这是广义 Maxwell 模型形式的数值实现过程。

6.1.3 应力松弛函数的 Prony 级数

用 Prony 级数表示黏弹性属性的基本形式为

$$G(t) = G_\infty + \sum_{i=1}^{n_G} G_i \exp\left(-\frac{t}{\tau_i^G}\right) \tag{6.5}$$

$$K(t) = K_\infty + \sum_{i=1}^{n_K} K_i \exp\left(-\frac{t}{\tau_i^K}\right) \tag{6.6}$$

式中，G_∞ 和 G_i 是剪切模量，K_∞ 和 K_i 是体积模量，τ_i^G 和 τ_i^K 是各 Prony 级数分量的松弛时间。

再定义 ANSYS 输入项相对剪切松弛模量 α_i^G、相对体积松弛模量 α_i^K。

$$\alpha_i^G = \frac{G_i}{G_0} \tag{6.7}$$

$$\alpha_i^K = \frac{K_i}{K_0} \tag{6.8}$$

式中，G_0、K_0 分别为黏弹性材料的瞬态模量，其定义式如下

$$G_0 = G(t=0) = G_\infty + \sum_{i=1}^{n_G} G_i \tag{6.9}$$

$$K_0 = K(t=0) = K_\infty + \sum_{i=1}^{n_K} K_i \tag{6.10}$$

对于黏弹性问题，黏弹体的泊松比一般取为时间函数 $\mu = \mu(t)$。不过有时情

况允许也可近似设为常数,这时弹性常数关系就有

$$G(t)=\frac{E(t)}{2(1+\mu)} \qquad (6.11a)$$

$$K(t)=\frac{E(t)}{3(1-2\mu)} \qquad (6.11b)$$

式中,$E(t)$为松弛模量,由应力松弛实验来确定;$E(t)$、$G(t)$、$K(t)$的相应系数比相同,这样就可以将$G(t)$和$K(t)$统一于$E(t)$形式,由于$E(t)$的形式与$G(t)$等相同,本章没有给出$E(t)$的表达式。

　　在 ANSYS 中,Prony 级数的阶数 n_G 和 n_K 可以不必相同,其中的松弛时间 τ_i^G 和 τ_i^K 也不必相同,对 Prony 级数的支持项数 n_G 或 n_K 不能超过 6 项。

6.1.4　复常数模量模型

　　设式(6.1)中$G(t)$等于复常数,则得到复常数模量模型的本构关系为

$$\sigma=G^* \varepsilon=G'(1+\mathrm{i}\eta)\varepsilon \qquad (6.12)$$

复模量定义为

$$G^* = G'+\mathrm{i}G'' = G'(1+\mathrm{i}\eta) \qquad (6.13)$$

式中,G'是复模量的实部,称为储能模量;G''是复模量的虚部,称为耗能模量;$\mathrm{i}=\sqrt{-1}$,是虚部单位;η是材料的损耗因子,有

$$\eta=G''/G' \qquad (6.14)$$

　　此模型中,各量均为常数,并没有考虑频变特性,因此其适用范围只限于频变较小的情况。

6.1.5　频变复模量模型

　　为了反映材料的频变性质,通过实验方法由数据拟合得到频变的复模量为

$$G^*(\omega)=G'(\omega)+\mathrm{i}G''(\omega)=G'(\omega)[1+\mathrm{i}\eta(\omega)] \qquad (6.15)$$

式中,$G'(\omega)=a_1\omega^{b_1}$,$\eta(\omega)=\dfrac{G''(\omega)}{G'(\omega)}=a_2\omega^{b_2}$,$a_1$、$b_1$、$a_2$、$b_2$ 均为拟合常数。文献[107]则是把损耗因子 η 视为常数,$G'(\omega)$是频变的。

6.1.6　分数导数模型

（1）分数导数模型的概念

分数导数模型是描述材料动态力学行为的一种数学模型，分数导数模型与传统的整数导数模型相比，是用较少的参数构成黏弹性材料的数学模型，并且能够描述材料在较宽频率范围内的动力学特性，被认为是一种能够比较精确描述一类黏弹性材料的模型。目前关于分数导数的定义尚未统一，比较常见的表达式如式（6.16）所示。[107]

$$\frac{\partial^q [f(x)]}{\partial (x-a)^q} = \frac{\partial^n}{\partial x^n}\left[\frac{1}{\Gamma(n-q)}\int_a^x \frac{f(t)}{(x-t)^{q-n+1}}\mathrm{d}t\right] \tag{6.16}$$

式中，q 为导数阶数，可以为复数，q 的实部即 $\mathrm{Re}(q) \geqslant 0$；$n$ 为整数，$0 < n-q < 1$；$\Gamma(n)$ 为 Gamma 函数，$\Gamma(n+1)=n!$。

黏弹性材料的分数导数模型最早是由 Gemant（1936 年）提出，以后逐渐应用到机械工程和航空航天工程中[108]。Bagley 和 Torvik 提出了描述黏弹性材料应力-应变关系的广义分数导数模型[109]，如式（6.17）所示

$$\sigma(t) + \sum_{m=1}^{M} b_m D^{\alpha_m}\sigma(t) = E_0\varepsilon(t) + \sum_{n=1}^{N} E_n D^{\beta_n}\varepsilon(t) \tag{6.17}$$

式中，$\sigma(t)$ 为应力；$\varepsilon(t)$ 为应变；E_0 为模量；M、N 为自然数；b_m、E_n 为常数；α_m、β_n 为分子分母互质的实数；D^α 为 Riemann-Liouville 分数导数算子，其表达式如式（6.18）所示

$$D^\alpha[f(t)] = \sum_{k=0}^{m} \frac{f^{(k)}(a)(t-a)^{-\alpha+k}}{\Gamma(-\alpha+k+1)} + \frac{1}{\Gamma(-\alpha+m+1)}\int_0^t \frac{f^{m+1}(\tau)}{(t-\tau)^{\alpha-m}}\mathrm{d}\tau \tag{6.18}$$

式中，α 为导数阶数，$m \leqslant \alpha < m+1$，m 为实数；$\Gamma(z)=\int_0^\infty t^{z-1}\mathrm{e}^{-t}\mathrm{d}t$，$\mathrm{Re}(z) > 0$。

当 $m=0$，式（6.18）变成式（6.19）的形式：

$$D^\alpha[\varepsilon(t)] = \frac{1}{\Gamma(1-\alpha)}\frac{\mathrm{d}}{\mathrm{d}t}\int_0^t \frac{\varepsilon(t)}{(t-\tau)}\mathrm{d}\tau \tag{6.19}$$

此时，$0 < \alpha < 1$。如将上述分数导数做傅里叶变换，则可用频域形式表示，如式（6.20）所示

$$F[D^\alpha\varepsilon(t)] = (\mathrm{i}\omega)^\alpha F(\omega) \tag{6.20}$$

式中，F 函数表示傅里叶变换。

当 $m=0$，$n=1$ 时，广义分数导数模型式（6.17）就变成式（6.21）的形式

$$\sigma(t) = E_0 \varepsilon(t) + E_1 \frac{\mathrm{d}^{\beta}[\varepsilon(t)]}{\mathrm{d}t^{\beta}} \tag{6.21}$$

这就是 Kelvin-Voigt 分数导数模型。

当 $m=1, n=0$ 时，广义分数导数模型变成式(6.22)的形式

$$\sigma(t) + b_1 \frac{\mathrm{d}^{\alpha}[\sigma(t)]}{\mathrm{d}t^{\alpha}} = E_0 \varepsilon(t) \tag{6.22}$$

这就是 Maxwell 分数导数模型。

当 $m=1, n=1$ 时，广义分数导数模型变成式(6.23)的形式

$$\sigma(t) + b_1 \frac{\mathrm{d}^{\alpha}[\sigma(t)]}{\mathrm{d}t^{\alpha}} = E_0 \varepsilon(t) + E_1 \frac{\mathrm{d}^{\beta}[\varepsilon(t)]}{\mathrm{d}t^{\beta}} \tag{6.23}$$

当 $\alpha = \beta$ 时，式(6.23)称为四参数 Zener 分数导数模型[47]。

（2）分数导数模型的频域表征

为了描述黏弹性材料动态力学性能随频率和温度的变化特性，更加准确地预测材料的性能，需要通过傅里叶变换将其转变为频域内的模型。因此，将式(6.23)进行傅里叶变换

$$\sigma(\omega) + b_1 (\mathrm{i}\omega)^{\alpha} \sigma(\omega) = E_0 \varepsilon(\omega) + E_1 (\mathrm{i}\omega)^{\beta} \varepsilon(\omega) \tag{6.24}$$

由式(6.24)可得到应力与应变之间的关系，即

$$E_c(\omega) = \frac{\sigma(\omega)}{\varepsilon(\omega)} = \frac{E_0 + E_1 (\mathrm{i}\omega)^{\alpha}}{1 + b_1 (\mathrm{i}\omega)^{\beta}} \tag{6.25}$$

式(6.25)为五参数的分数导数模型，当 $\alpha = \beta$ 时，式(6.25)变为四参数的分数导数模型，如式(6.26)所示。

$$E_c(\omega) = \frac{\sigma(\omega)}{\varepsilon(\omega)} = \frac{E_0 + E_1 (\mathrm{i}\omega)^{\alpha}}{1 + b_1 (\mathrm{i}\omega)^{\alpha}} \tag{6.26}$$

式(6.26)也可转换成式(6.27)，其参数具有物理含义[108,110]

$$E_c(\omega) = \frac{E_0 + E_{\infty} (\mathrm{i}\omega b)^{\alpha}}{1 + (\mathrm{i}\omega b)^{\alpha}} \tag{6.27}$$

式中，令 $E_{\infty} = \dfrac{E_1}{b_1}$，$b = b_1^{\frac{1}{\alpha}}$，$E_c(\omega)$ 是复模量；E_0、E_{∞} 分别表示频率为 0 和高频极限值对应的动态模量；b 为松弛时间。

6.1.7　指数模型

$$E_c(\omega) = E_d + \frac{c}{t_0} \frac{\mathrm{i}\omega t_0}{1 + \mathrm{i}\omega t_0} \tag{6.28}$$

式中，E_d 为松弛模量；c 为黏度，表示切变速率为 $1/s$ 时单位面积上所受到的阻力，单位为 Pa·s；t_0 为松弛时间[103,111-112]。

6.2　黏弹性材料复合结构的求解方法

6.2.1　固有频率的求解

在有限元的分析中，常常将黏弹性材料的弹性模量假定为常数，其固有频率的求解按照常规方法进行计算（如复常数模型）。但是，实际上黏弹性材料的一个显著特点是力学特性随频率的变化而变化，即不同频率下，材料的弹性模量和阻尼比不同。此时，需要采取模态应变能法进行复合结构的固有频率求解（如频变复模量模型等），计算流程图如图 6.1 所示[69]。

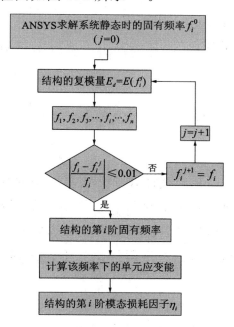

图 6.1　模态应变能法计算流程图

6.2.2　结构阻尼比（损耗因子）的求解

模态应变能法是黏弹性阻尼结构建模和分析的重要方法，是基于有限元模态分析的能量分析方法。其含义是:在某阶模态时黏弹性阻尼复合结构的损耗因子与阻尼层的损耗因子之比等于该阶模态时阻尼层应变能与黏弹性阻尼复合结构总应变能之比,其数学表达式为[19]

$$\frac{\eta_i}{\eta_{V,i}} = \frac{V_{V,i}}{V_i} \tag{6.29}$$

式中,η_i 为黏弹性阻尼复合结构第 i 阶模态损耗因子;V_i 为黏弹性阻尼复合结构第 i 阶模态总应变能;$\eta_{V,i}$ 为阻尼层第 i 阶模态损耗因子;$V_{V,i}$ 为阻尼层第 i 阶模态应变能;i 为模态阶数。

根据模态应变能的定义,方程(6.29)可表示为

$$\frac{\eta_i}{\eta_{V,i}} = \frac{V_{V,i}}{V_i} = \frac{\sum_{e=1}^{n} \boldsymbol{\phi}_e^{(i)\mathrm{T}} \boldsymbol{K}_e \boldsymbol{\phi}_e^{(i)}}{\boldsymbol{\phi}^{(i)\mathrm{T}} \boldsymbol{K} \boldsymbol{\phi}^{(i)}} \tag{6.30}$$

式中,$\boldsymbol{\phi}^{(i)}$ 为第 i 阶模态振型;$\boldsymbol{\phi}_e^{(i)}$ 为阻尼层第 e 个单元的第 i 阶模态子振型;$\boldsymbol{K}$ 为总刚度矩阵;$\boldsymbol{K}_e$ 为阻尼层第 e 个单元的子刚度矩阵;n 为阻尼层单元个数。

依据模态应变能理论,特定模态下复合结构的损耗因子与黏弹性材料的损耗因子的比值,可以由黏弹性材料的应变能与该模态下整个结构的总弹性应变能来表述。因此,根据损耗因子的定义,黏弹性阻尼复合结构第 i 阶模态损耗因子还可表示为

$$\eta_i = \frac{U_v + U_b}{U_t} = \frac{\sum_{i=1}^{l} \beta_v U_{vi} + \sum_{i=1}^{m} \beta_b U_{bi}}{\sum_{i=1}^{l+m} U_i} \tag{6.31}$$

式中,U_v 是黏弹性材料的损耗应变能,U_b 为基层结构的损耗应变能,U_t 为复合结构的总应变能;β_v、β_b 分别为黏弹性材料和基层材料的损耗因子;l、m 代表两者各自的单元个数;U_{vi}、U_{bi} 分别为黏弹性材料和光梁的单元应变能。

利用黏弹性复合结构的等效黏性阻尼比 ξ_i 和模态损耗因子 η_i 的关系

$$\xi_i = \frac{\eta_i}{2} \tag{6.32}$$

得到结构的第 i 阶模态阻尼比 ξ_r 的表达式

$$\xi_r = \frac{\sum_{i=1}^{l} \beta_v U_{vi} + \sum_{i=1}^{m} \beta_b U_{bi}}{2 \sum_{i=1}^{l+m} U_i} \tag{6.33}$$

6.3 黏弹性复合层梁的计算

黏弹性层采用 Prony 级数模型、复常量模型、频变复模量模型、分数导数模型和指数模型来计算黏弹性复合层梁的固有特性,并对比上述模型对黏弹性复合层梁固有频率和损耗因子的影响。最后,采用指数模型详细地计算复合层梁的模态分析和谐响应分析,并与实验结果进行对比。

6.3.1 黏弹性复合层梁的有限元建模

对黏弹性复合层梁的有限元计算中,基层和黏弹性层都采用 SOLID186 单元,以黏弹性涂层厚度 1 mm 为例,共有 8292 个节点,1620 个单元,其中,基体有 810 个单元,黏弹性层有 810 个单元,有限元网格如图 6.2(a) 所示,基层厚度用 t_b 表示,黏弹性层厚度用 t_v 表示,如图 6.2(b) 所示。

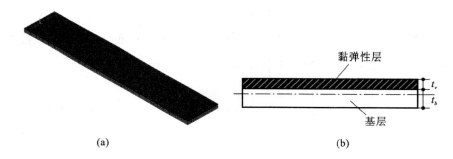

(a)   (b)

图 6.2 黏弹性复合层梁的有限元模型

(a)黏弹性复合层梁的有限元网格;(b)黏弹性复合层梁的结构图

梁的材料参数和几何尺寸如表 6.1 所示,黏弹性涂层的材料参数根据不同的本构模型给出。

表 6.1 梁的材料参数和几何尺寸

	尺寸(mm)	弹性模量 E(Pa)	泊松比 μ	密度(kg/m³)
梁	270×50×5	2.09×10¹¹	0.269	7890

黏弹性复合层梁采用一端固支、一端自由的边界条件。采用模态应变能法计算黏弹性复合层梁的固有频率和损耗因子。

6.3.2　黏弹性复合层梁的求解

（1）Prony 级数模型（时域）

基层梁的材料参数如表 6.1 所示，黏弹性层的材料参数如表 6.2 所示。黏弹性材料的松弛模量 $E(t)$ 用 Prony 级数表示为[113]

$$E(t)=0.705886+0.168169\mathrm{e}^{\frac{-t}{30130.7}}+0.098714\mathrm{e}^{\frac{-t}{3013.07}}+1.930384\mathrm{e}^{\frac{-t}{301.307}}(\mathrm{MPa})$$

$$(6.34)$$

表 6.2　黏弹性层的材料参数和几何尺寸

	尺寸（mm）	弹性模量 E（Pa）	泊松比 μ	密度（kg/m³）
黏弹性材料	270×50×1	2.9031×10^6	0.495	1875

根据式（6.11）得到 $G(t)$ 的表达式为

$$
\begin{aligned}
G(t)&=\frac{E(t)}{2(1+\mu)}\\
&=\frac{1}{2\times(1+0.495)}\times(0.705886+0.168169\mathrm{e}^{\frac{-t}{30130.7}}+0.098714\mathrm{e}^{\frac{-t}{3013.07}}+\\
&\quad 1.930384\mathrm{e}^{\frac{-t}{301.307}})(\mathrm{MPa})
\end{aligned}
$$

$$(6.35)$$

根据式（6.35）、式（6.9）换算得到参数 G_0 和 G_∞，进而由式（6.7）换算得到相对剪切松弛模量 α_i^G，计算得到的参数值如表 6.3 所示。

表 6.3　Prony 级数的参数

G_0	G_∞	$\alpha_1^G=\alpha_1^K$	$\alpha_2^G=\alpha_2^K$
9.71×10^6 Pa	2.36×10^5 Pa	0.0579	0.034
$\alpha_3^G=\alpha_3^K$	$\tau_1^G=\tau_1^K$	$\tau_2^G=\tau_2^K$	$\tau_3^G=\tau_3^K$
0.6649	30130.7	3013.07	301.307

采用 Prony 级数模型获得的固有频率和损耗因子如表 6.4 所示，可以看出随着涂层厚度的增加复合层梁的固有频率下降。

表 6.4　Prony 级数模型求得的固有频率和损耗因子

涂层厚度	计算值	1	2	3	4	5	6
$t_v=0$ mm	固有频率	57.6	359.9	557.1	603.7	1006.6	1839.6
$t_v=1$ mm	固有频率	56.2	351.4	544.1	589.3	982.7	1794.8
	损耗因子	6.806×10^{-6}	8.133×10^{-6}	1.786×10^{-4}	1.486×10^{-5}	2.098×10^{-5}	1.658×10^{-4}

（2）复常数模量模型

表征黏弹性材料的模型采用复常数模量模型，储能模量和损耗因子不随频率的变化而变化。基层梁的材料参数如表 6.1 所示，黏弹性层的材料参数如表 6.5 所示。采用复常数模量模型求得的固有频率和损耗因子如表 6.6 所示。黏弹性材料的复模量 E^* 表示为

$$E^* = E' + iE'' = E'(1+i\eta) \tag{6.36}$$

表 6.5　ZN-33 的材料参数

弹性模量 E'(Pa)	泊松比 μ	密度 ρ(kg/m^3)	损耗因子 η
1×10^9	0.498	930	0.9683

表 6.6　复常数模量模型求得的固有频率和损耗因子

涂层厚度	计算值	1	2	3	4	5	6
$t_v = 0$ mm	固有频率	57.6	359.9	557.1	603.7	1006.6	1839.6
$t_v = 1$ mm	固有频率	56.9	356.3	550.9	597.3	996.5	1820.0
	损耗因子	4.53×10^{-3}	4.51×10^{-3}	1.01×10^{-3}	3.45×10^{-3}	4.52×10^{-3}	3.49×10^{-3}

（3）频变复模量模型（频域）

表征黏弹性材料的模型采用频变复模量模型，根据式（6.15）获得黏弹性材料随频率变化的储能模量和损耗因子，文献[114] 则是把损耗因子 η 视为常数，$G'(\omega)$ 是频变的，复模量表达式如式（6.37）所示，参数如表 6.7 所示。采用频变复模量模型求取粘贴黏弹性材料后的梁的固有频率与损耗因子，如表 6.8 所示，可以看出涂覆黏弹性涂层后的梁的固有频率降低。

$$G^*(\omega) = 0.142(\frac{\omega}{2\pi})^{0.494}(1+1.46i)\ (\text{MPa}) \tag{6.37}$$

表 6.7　频变复模量模型参数

储能模量(Pa)	密度(kg/m^3)	损耗因子	a_1	b_1
$0.142(\frac{\omega}{2\pi})^{0.494} \times 10^6$	1104	1.46	$0.142 \times \left(\frac{1}{2\pi}\right)^{0.494} \times 10^6$	0.494

表 6.8　频变复模量模型求得的固有频率和损耗因子

涂层厚度	计算值	1	2	3	4	5	6
$t_v = 0$ mm	固有频率	57.6	359.9	557.1	603.7	1006.6	1839.6
$t_v = 1$ mm	固有频率	56.7	354.7	549.2	594.8	991.6	1383
	损耗因子	5.92×10^{-6}	1.41×10^{-4}	1.23×10^{-3}	4.40×10^{-4}	1.18×10^{-3}	1.46

（4）分数导数模型（频域）

此算例中，表征黏弹性材料的模型采用分数导数模型，根据式（6.24）获得黏弹性材料随频率变化的储能模量和损耗因子，文献[115]给出四参数模型的参数，其表达式如式（6.27）所示，参数如表6.9所示。采用分数导数模型求解粘贴黏弹性材料后的梁的固有频率与损耗因子，如表6.10所示。

表 6.9　四参数模型的材料参数

E_0(GPa)	E_∞(GPa)	$b(\times 10^{-6}\,\text{s})$	α
0.353	3.462	314.9	0.873

表 6.10　分数导数模型求得的固有频率和损耗因子

涂层厚度	计算值	1	2	3	4	5	6
$t_v = 0$ mm	固有频率(Hz)	57.6	359.9	557.1	603.7	1006.6	1839.6
$t_v = 1$ mm	固有频率(Hz)	56.8	355.8	549.2	549.9	997.6	1823.9
	损耗因子	6.16×10^{-4}	7.35×10^{-3}	2.49×10^{-3}	1.05×10^{-2}	1.17×10^{-2}	8.73×10^{-3}

为了获得分数导数模型的储能模量和损耗因子，需采用复变函数将分数导数模型的实部和虚部分解开。

设 z 为复数，n 为整数，定义 $z^{\frac{1}{n}} = e^{\frac{1}{n}\ln z}$，则

$$z^{\frac{1}{n}} = e^{\frac{1}{n}\ln z} = e^{\frac{1}{n}(\ln|z|+i\arg z+2k\pi i)} = e^{\frac{1}{n}\ln|z|} e^{\frac{i\arg z+2k\pi}{n}}$$

$$= |z|^{\frac{1}{n}}\left(\cos\frac{\arg z+2k\pi}{n} + i\sin\frac{\arg z+2k\pi}{n}\right) \tag{6.38}$$

在复变函数中，自变量 $z = c + di = r(\cos\theta + i\sin\theta)$，它的模为 $|z| = r = \sqrt{c^2+d^2}$，复角 $\arg z = \theta = \arctan(d/c)$

则根据式（6.38）得

$$(c+di)^m = e^{m[\ln(\sqrt{c^2+d^2}+i\arctan(d/c)+2k\pi i)]}$$

$$= (\sqrt{c^2+d^2})^m\{\cos[m\arctan(d/c)] + i\sin[m\arctan(d/c)]\} \tag{6.39}$$

则根据式（6.39）将表6.9中的材料参数代入可得到储能模量和损耗因子。求得的固有频率和损耗因子如表6.10所示。

（5）指数模型（频域）

本例中黏弹性材料为1500丁苯橡胶材料[116]，复合层梁的尺寸及材料参数如

表 6.11 所示。表征黏弹性材料的模型采用指数模型,此模型的弹性模量和损耗因子是随频率的变化而变化的,根据式(6.28)获得黏弹性材料随频率变化的储能模量和损耗因子,如表 6.11 所示。其中,$E_d = 572.4$ MPa,$c = 8.786 \times 10^5$ Pa·s,$t_0 = 3.472 \times 10^{-4}$ s。采用指数模型求不同黏弹性材料厚度的梁的固有频率与损耗因子,如表 6.12 所示,根据表中的数据绘出涂覆不同黏弹性材料厚度后的复合层梁的固有频率和损耗因子,如图 6.3 和图 6.4 所示。

表 6.11　指数模型的材料参数

尺寸(mm)	储能模量(Pa)	密度(kg/m³)	损耗因子	泊松比
$270 \times 50 \times t_v$	$E_d + \dfrac{c\omega^2 t_0}{1 + \omega^2 t_0^2}$	1423	$\dfrac{\omega c}{E_d(1 + \omega^2 t_0^2) + c\omega^2 t_0}$	0.3

表 6.12　不同黏弹性层厚度梁的固有频率和相应的损耗因子

涂层厚度	计算值	1	2	3	4	5	6
$t_v = 0$ mm	固有频率	57.6	359.9	557.1	603.7	1006.6	1839.6
$t_v = 1$ mm	固有频率	56.6	354.7	547.8	595.4	994.3	1816.9
	损耗因子	1.283×10^{-3}	5.071×10^{-3}	1.215×10^{-3}	4.806×10^{-3}	3.948×10^{-3}	2.360×10^{-3}
$t_v = 2.5$ mm	固有频率	55.4	348.9	534.4	587.1	984.6	1797.5
	损耗因子	5.007×10^{-3}	1.979×10^{-2}	3.293×10^{-3}	1.826×10^{-2}	1.528×10^{-2}	9.021×10^{-3}
$t_v = 5$ mm	固有频率	53.9	345.8	513.2	584.9	996.1	1806.3
	损耗因子	1.754×10^{-2}	6.786×10^{-2}	8.564×10^{-3}	5.723×10^{-2}	4.915×10^{-2}	2.790×10^{-2}

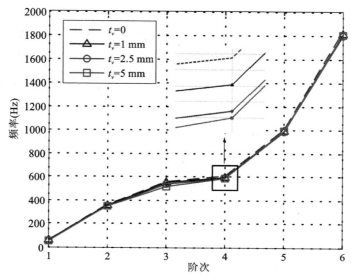

图 6.3　不同黏弹性材料厚度下复合层梁的固有频率对比图

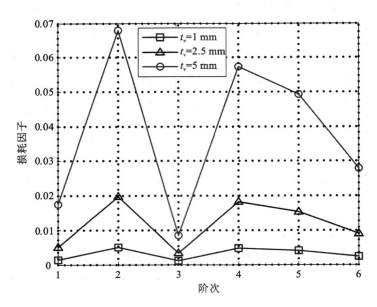

图 6.4　不同黏弹性材料厚度下复合层梁的损耗因子对比图

由图 6.3 可知,随着黏弹性材料厚度的增加复合层梁的固有频率逐渐下降,但是固有频率的差值不大。

由表 6.13 可以看出,在粘贴不同厚度的黏弹性阻尼材料后,振型几乎没有什么变化,黏弹性阻尼材料对复合结构振型的影响相对较小。

对比上述 5 种黏弹性材料的本构模型求得的固有频率和损耗因子的结果,如图 6.5 和图 6.6 所示。

由图 6.5 所示的不同黏弹性模型求得的固有频率与光梁对应的固有频率的结果对比,可以看出,不同黏弹性材料模型求得的复合层梁的固有频率曲线接近重合,且比光梁对应的固有频率低,随着固有频率阶次的升高,固有频率差值变大。

由图 6.6 所示的不同黏弹性材料模型求得的损耗因子,可以看出,采取不同的模型求得的复合层梁对应的损耗因子有很大的不同,这与黏弹性材料的参数有很大关系。本节中分数导数模型求得的损耗因子最大,说明采用分数导数模型可以更好地降低振动幅值。

表 6.13 粘贴黏弹性材料复合层梁振型前后比较

序号	1	2	3
光梁			
复合层梁			
光梁			
复合层梁			

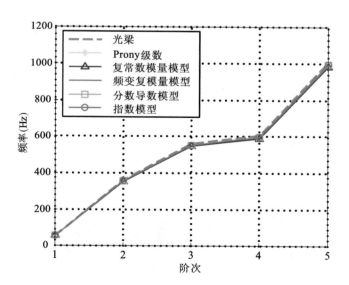

图 6.5 不同黏弹性模型下求得的固有频率

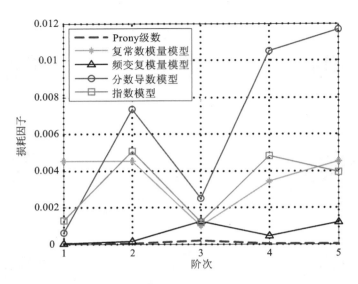

图 6.6　不同黏弹性模型下求得的损耗因子

6.4　基于实验测试的黏弹性复合层梁的有限元方法确认

选择钢作为基层材料,橡胶作为黏弹性层来进行测试,钢的材料参数和尺寸如表 6.1 所示,橡胶的材料参数如表 6.11 所示。粘贴橡胶时使用 801 强力胶,该胶适用于金属材料和非金属材料的自粘。

复合层梁的测点和激励点的布置如图 6.7 所示。激振器作为单点激励装置,加速度传感器作为拾振装置,所组成的测试系统如图 6.8 所示,详细的实验仪器设备见表 6.14。

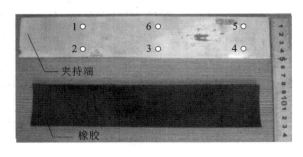

图 6.7　实验对象及其测点、激励点图

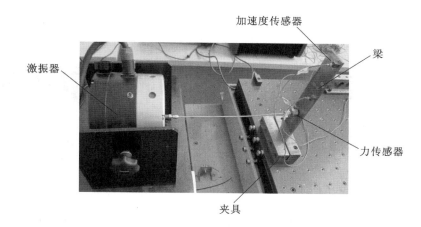

图 6.8　测试系统实物图

表 6.14　基础激励测试涉及的相关仪器设备

序号	名称	序号	名称
1	LMS 16 通道便携式数据采集前端控制器	4	4508B 加速度传感器
2	PCB 086C01 型力锤	5	高性能笔记本电脑
3	8230 力传感器	6	激振器

采用锤击法测试涂覆黏弹性材料前后的固有频率,梁处于悬臂状态,钢板左端夹持,夹持长度为 30 mm,激励点从点 1 逆时针到点 6,在 3、4 点布置加速度传感器测试其响应,如图 6.7 所示。测试的固有频率和计算的固有频率结果如表 6.15所示,数值仿真结果采用指数模型计算的结果。

表 6.15　涂覆材料前后梁的有限元与实验固有频率的对比

阶次	涂覆材料前			涂覆材料后		
	有限元 A	实验值 B	偏差 $|A-B|/B$	有限元 A	实验值 B	偏差 $|A-B|/B$
1	57.6	57.5	0.1%	56.6	55.8	1.4%
2	359.9	358.7	0.3%	354.7	346.9	2.2%
3	557.1	—	—	547.8	—	—
4	603.7	609.2	0.9%	595.4	590.6	0.8%
5	1006.6	1021.3	1.4%	994.3	985.3	0.9%

由表 6.15 可知涂覆黏弹性材料前后的固有频率偏差在 3% 之内,验证了黏弹性复合层梁的建模方法和求解方法的正确性。

7 叶根带有黏弹性阻尼块的叶片的有限元分析

叶片的榫连结构是航空发动机叶片与轮盘组成的盘片组合结构的关键结构形式,其结构形状和承载情况十分复杂。它的结构设计质量直接关系到叶片的性能、耐久性、可靠性和寿命。榫连结构是一种典型的在接触条件下工作的组合结构,接触区在较高的温度以及机械载荷作用下会发生微动磨损,这些微动磨损能够导致早期的疲劳断裂,最终发生疲劳破坏。由于叶片受到离心力、气动力及其振动等多场耦合复杂边界条件的作用,榫连结构部分会产生较严重的应力集中,最终容易导致其榫齿断裂,对飞机和乘员构成严重威胁,具有灾难性的可怕后果。统计资料表明,航空发动机故障中高达 20% 的故障是由榫连结构失效造成的。因此,迫切需要采取用附加阻尼的方法提高其抗振动疲劳能力,实现叶片的减振。

本章在完成黏弹性材料复合结构的有限元分析方法比较与确认的基础上,开展了叶根施加黏弹性阻尼块的有限元数值计算方法的研究。采用复常量模型表征添加在叶片根部的黏弹性阻尼材料,建立叶片-黏弹性阻尼块有限元模型,基于模态应变能法计算带有黏弹性阻尼块的叶片的固有频率和损耗因子,采用谐响应分析方法对比分析带有黏弹性阻尼块叶片的振动响应与减振效果,并通过实验结果验证叶根带有黏弹性阻尼块的叶片的有限元分析方法的正确性。

7.1 叶根带有黏弹性阻尼块的叶片的有限元模型

7.1.1 单元的选取与网格划分

在三维实体软件 PRO/E 中创建叶根添加黏弹性阻尼块的实体模型,将其导入 ANSYS_ICEM 模块下对其进行网格划分,采用 SOLID186 单元,在划分网格时,注意将叶根底部与阻尼块接触面、简化的轮盘榫槽与阻尼块接触面的节点一一对应,使阻尼块与叶根底面和轮盘榫槽充分地黏结在一起。

简化的轮盘与叶片通过接触对相连接,创建两个面-面非对称接触对,叶片榫头侧面采用面-面接触单元 CONTA174,轮盘榫槽侧面采用面-面目标单元 TARGE170。其中,摩擦系数设置为 0.3;刚度系数 FKN 设置为 1.0。

叶根带有黏弹性阻尼块的叶片有限元模型如图 7.1 所示,共有 5906 单元,26109 个节点。其中,叶片有 2778 个单元,12180 个节点;黏弹性阻尼块有 184 个单元,1446 个节点;简化的轮盘有 2944 个单元,12483 个节点;接触对有 920 个单元,1446 个节点。

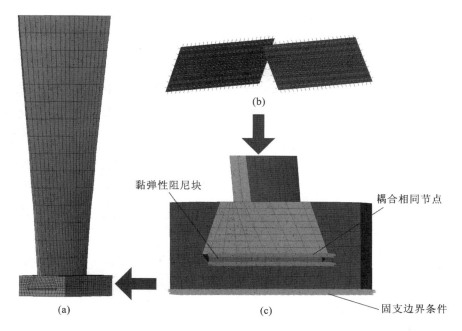

图 7.1　叶根带有黏弹性阻尼块的叶片有限元模型
(a)带有黏弹性阻尼块的叶片有限元模型;(b)接触对;(c)边界条件

7.1.2　材料属性

对带有黏弹性阻尼块的叶片进行分析时采用复常数模量模型,黏弹性材料的弹性模量和损耗因子为常值。黏弹性阻尼块选择 ZN-33 橡胶阻尼材料,材料参数经过测定确定,其材料特性如表 6.5 所示,叶片和简化轮盘的材料参数如表 7.1 所示。

表 7.1　叶片和简化轮盘的材料参数

弹性模量 E(Pa)	泊松比 μ	密度 ρ(kg/m³)	损耗因子 η
214×10^9	0.3	7800	0.006

7.1.3　边界条件

黏弹性阻尼块与简化的轮盘和叶片通过耦合重合节点自由度的方法相连接，这样处理过的几何体，受力会自然传递；简化的轮盘底部固支，如图 7.1 所示。

7.2　叶根带有黏弹性阻尼块的叶片的求解方法

在 ANSYS 软件中进行考虑接触摩擦特性的模态分析，模态求解方法采用 Block Lanczos 模态提取法，并采用模态应变能法获得叶根带有黏弹性阻尼块的叶片的损耗因子。

采用完全法对带有黏弹性阻尼块的叶片进行谐响应分析，扫频频率范围为 200~300 Hz，步长为 500，为了模拟振动台加速度扫频激励，对带有黏弹性阻尼块的叶片施加0.5g加速度激励。完全法中的阻尼矩阵公式见式(3.32)、式(3.33a)、式(3.33b)。

在本章中，带有黏弹性阻尼块的叶片的阻尼采用瑞利阻尼和常值阻尼比叠加的方式，其中瑞利阻尼通过未添加黏弹性阻尼块的叶片的实验确定，常值阻尼比为黏弹性阻尼块材料 ZN-33 的阻尼比。其中，未添加黏弹性阻尼块的叶片的实验数据获得叶片的第 1 阶固有频率为 252 Hz，相对应的阻尼比为 0.0954%，第 2 阶固有频率为 1011.75 Hz，相对应的阻尼比为 0.0818%。由式(3.33)得 $\alpha=2.5438$，$\beta=1.9441\times10^{-7}$。

7.3　叶根带有黏弹性阻尼块的叶片的求解结果

对叶根带有黏弹性阻尼块的叶片进行固有特性和谐响应分析，获得叶根带有黏弹性阻尼块的固有频率、损耗因子、共振频率和非共振频率激振下系统的振动位移、振动应力和模态应变能,并通过实验进行求解结果合理性的验证。

7.3.1　固有频率求解结果

叶根带有黏弹性阻尼块的叶片的有限元数值仿真获得的固有频率与解析法、实验测试的结果对比如表 7.2 所示,三种方法的固有频率和损耗因子如图 7.2 所示。

表 7.2　有限元法、解析法和实验测试的固有频率对比(Hz)

		1 阶	2 阶	3 阶	4 阶	5 阶	6 阶	7 阶	8 阶
固有频率	有限元法	250.92	989.13	1208.90	2460.30	2894.50	3047.70	4358.80	4608.10
	解析法	247.37	989.50	1162.80	—	—	—	—	—
	振动台测试法	251.75	1003.75	1188.25	—	—	—	—	—
损耗因子	有限元法	2.65×10^{-3}	2.87×10^{-3}	5.34×10^{-4}	2.76×10^{-3}	8.31×10^{-4}	2.23×10^{-2}	1.28×10^{-3}	2.89×10^{-4}
	解析法	5.12×10^{-6}	1.98×10^{-5}	2.54×10^{-2}	—	—	—	—	—
	振动台测试法	1.87×10^{-3}	1.15×10^{-3}	3.84×10^{-4}	—	—	—	—	—

图 7.2 所示为三种计算方法获得的固有频率和损耗因子,其中固有频率的结果比较一致,最大的差值出现在第 3 阶,实验值与解析法的差值为 25.45 Hz,实验值和有限元数值仿真的损耗因子结果比较一致,但是解析法的损耗因子相差较大。误差产生的原因主要包括两点:一方面是在理论分析中,将叶片简化成悬臂梁模型,不能考虑叶片的扭转振型以及弯扭耦合振型,同时也忽略了较多的复杂因素,比如叶片的模化尺寸的取值等,计算时对叶片的模化主要依赖于各阶固有频率,也没有考虑损耗因子。因此,解析法中的固有频率与实验值、有限元仿真值的误差较小,而损耗因子与实验值和有限元仿真值相差较大。另一方面是实验过程中实验器材连接结构和加载装置可能引入了一定量的附加阻尼,导致模态阻尼比测试存在一定的误差,直接影响到理论分析中阻尼的准确性,进而影响损耗因子的求解,存在误差。

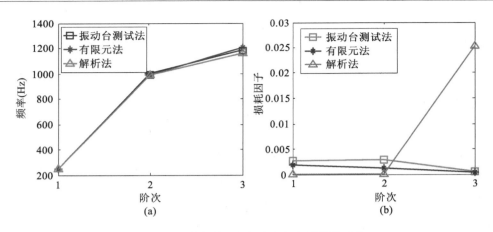

图 7.2　三种方法固有频率和损耗因子的对比

（a）固有频率的对比；（b）损耗因子的对比

7.3.2　谐响应求解结果

为了验证黏弹性阻尼块对叶片的减振效果，分别对带有黏弹性阻尼块和未带有黏弹性阻尼块的叶片进行谐响应对比分析。获得其在共振频率激励和非共振频率激励下的振动响应、振动位移和模态应变能。

（1）共振频率激励

由图 7.3 所示的叶片发生共振时振动位移分布情况，可以看出振动位移最大

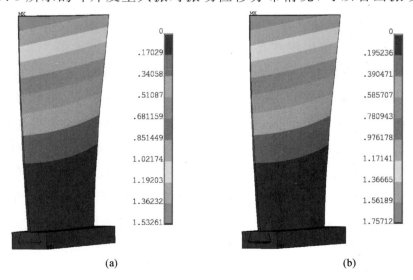

图 7.3　叶片发生共振时振动位移分布情况

（a）带有黏弹性阻尼块；（b）未带黏弹性阻尼块

处发生在叶片叶尖处,带有黏弹性阻尼块的叶片最大振动位移为 1.5326 mm,未带有黏弹性阻尼块的叶片的最大振动位移为 1.7571 mm。带有黏弹性阻尼块的叶片的振动位移降低了 12.8％,说明黏弹性阻尼块有效地降低了叶片共振振幅,起到了减振的作用。

　　由图 7.4 所示的带有黏弹性阻尼块和未带有黏弹性阻尼块的叶片叶尖处第 1 阶定频响应曲线,可以看出,未带有黏弹性阻尼块的叶片的振幅为 0.61 mm,带有黏弹性阻尼块的叶片的振幅为 0.56 mm,降低了 8.2％。

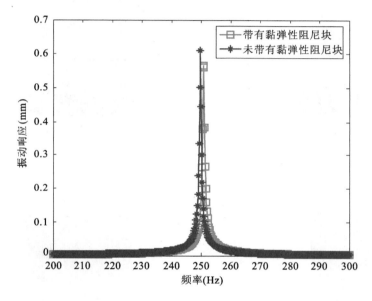

图 7.4　叶尖处第 1 阶定频响应曲线

　　图 7.5 所示为叶片发生共振时振动应力分布的情况,带有黏弹性阻尼块的叶片的最大应力值出现在叶身底部,为 181.721 MPa,而未带有黏弹性阻尼块的叶片在相同部位的最大振动应力达到 217.03 MPa,添加黏弹性阻尼块后的叶片振动应力下降了 16.27％,减振效果明显。

　　物体在载荷作用下发生变形,载荷作用点相应发生位移,载荷在其位移上做功。在弹性范围内,全部外力功转换为能量而积蓄于物体,此能量称为弹性应变能。

　　图 7.6 所示为带有黏弹性阻尼块和未带有黏弹性阻尼块的叶片发生共振时模态应变能的分布情况。其中带有黏弹性阻尼块的叶片的模态应变能比未带有黏弹性阻尼块的叶片的应变能降低了 21.4％,说明带有黏弹性阻尼块的叶片的系统耗能大。

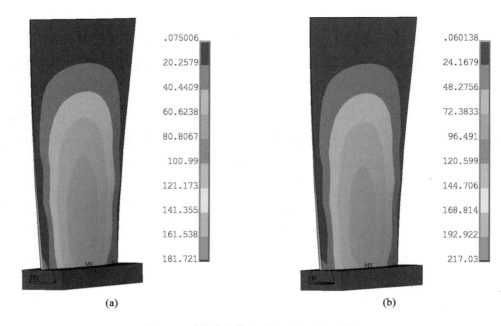

图 7.5　叶片发生共振时振动应力分布情况

(a)带有黏弹性阻尼块；(b)未带黏弹性阻尼块

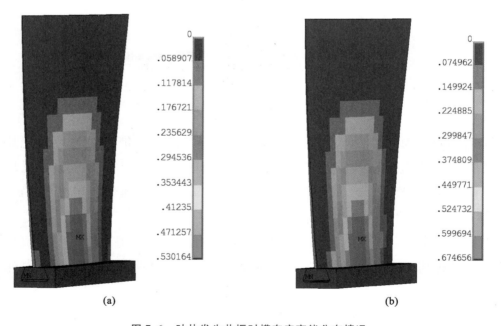

图 7.6　叶片发生共振时模态应变能分布情况

(a)带有黏弹性阻尼块；(b)未带黏弹性阻尼块

（2）非共振频率激励

由谐响应分析得到带有黏弹性阻尼块和未带有黏弹性阻尼块的叶片在非共振频率 f＝240 Hz 下的振动位移、振动应力和模态应变能,如图 7.7～图 7.9 所示。

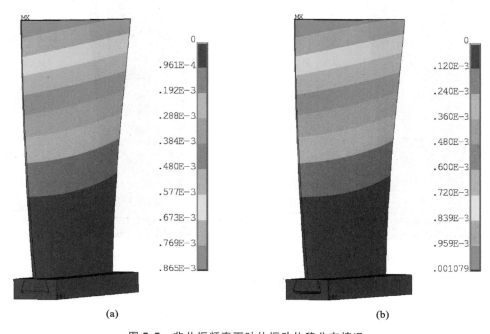

(a)　　　　　　　　　　　　　(b)

图 7.7　非共振频率下叶片振动位移分布情况

(a)带有黏弹性阻尼块;(b)未带黏弹性阻尼块

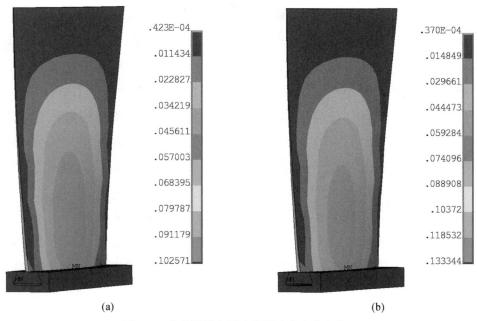

(a)　　　　　　　　　　　　　(b)

图 7.8　非共振频率下叶片振动应力分布情况

(a)带有黏弹性阻尼块;(b)未带黏弹性阻尼块

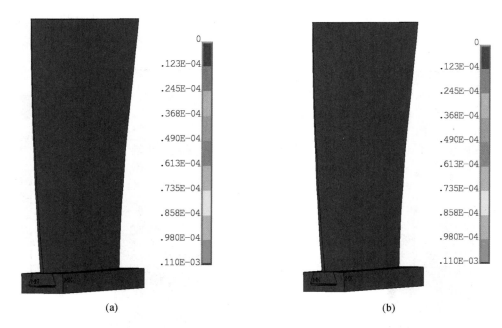

图 7.9 非共振频率下叶片模态应变能分布情况

(a)带有黏弹性阻尼块；(b)未带黏弹性阻尼块

  由图 7.7 所示的叶片在非共振频率激励下的振动位移分布情况，可以看出振动位移最大处发生在叶片叶尖处，带有黏弹性阻尼块的叶片的最大位移为 0.865×10^{-3} mm，未带有黏弹性阻尼块的叶片的最大位移为 0.001079 mm。添加黏弹性阻尼块使非共振频率激励下的叶片的振动位移降低了 19.8%，具有减振效果。与共振频率激励下的振动位移相比，非共振频率激励下的振动位移非常小。

  由图 7.8 所示的叶片在非共振频率激励下的振动应力分布情况，可以看出振动应力最大处发生在叶片叶身底部，带有黏弹性阻尼块的叶片的最大应力为 0.10 MPa，未带有黏弹性阻尼块的叶片的最大应力为 0.13 MPa。添加黏弹性阻尼块使非共振频率激励下的叶片的振动应力降低了 23.1%，具有减振效果。与共振频率激励下的振动应力相比，非共振频率激励下的振动应力非常小。

  图 7.9 所示为带有黏弹性阻尼块和未带有黏弹性阻尼块的叶片在非共振时模态应变能的分布情况。其中带有黏弹性阻尼块的叶片的模态应变能与未带有黏弹性阻尼块的叶片的模态应变能一样，说明在非共振频率下带有黏弹性阻尼块的叶片系统的耗能能力弱。

  （3）与实验数据对比

  分别采用振动台测试法、有限元数值仿真法和理论解析法获得添加一层黏弹

性阻尼块的叶片在叶尖处的第 1 阶共振下的响应值,三种方法的结果如表 7.3
所示。

表 7.3　三种方法第 1 阶共振响应对比

	振动台测试法	有限元法	解析法
响应值(mm)	0.31	0.56	0.24

　　由表 7.3 可以看出,有限元仿真结果与实验结果、解析结果相比,存在一定的
误差,但在可接受的范围内,从而验证了所建立的带有黏弹性阻尼块的叶片的系
统振动响应分析方法的有效性。误差产生的原因主要包括两点:

　　一方面是仿真模型是真实模型的简化,某些几何参数与真实参数有些误差,
此外,在仿真计算过程中的一些参数的选取并不准确,这些参数与接触面状态、材
料等密切相关,例如摩擦系数的选取、接触刚度的选取等。

　　另一方面是实验过程中实验器材连接结构和加载装置可能引入一定量的附
加阻尼,在实验测试系统中不仅榫头与榫槽之间存在干摩擦,系统其他部件的接
触面也会提供摩擦阻尼。因此,共振响应的测试结果略小于仿真计算结果。

8 基于改进的 Oberst 复合层梁弯曲理论的叶片-硬涂层阻尼减振的有效性分析

传统的振动梁法通常是在忽略金属基梁损耗因子的基础上,识别具有大阻尼特性的黏弹性阻尼材料的力学特性参数(弹性模量和损耗因子),且仅适用于线黏弹性涂层材料。硬涂层材料的力学特性参数具有频率、应变依赖性,且其损耗因子远小于黏弹性阻尼材料的,金属基体的损耗因子不再是一个可以被忽略掉的小量。因而传统的振动梁法不适用于辨识硬涂层材料的力学特性参数。

本章将叶片简化为悬臂梁,并基于改进的 Oberst 复合层梁弯曲理论,建立叶片-硬涂层阻尼的动力学方程并进行理论分析。获得叶片-硬涂层的前 3 阶固有频率和基础激励作用下的稳态响应。对比涂覆硬涂层前后的固有频率和响应结果并通过实测验证,表明硬涂层对叶片的振动减振具有有效性。

8.1 复合层梁的建模

将叶片-硬涂层简化成为 Oberst 复合层梁,假定该复合层梁为稳定弯曲振动,即梁宽小于弯曲波长长度[102]。典型的 Oberst 复合层梁如图 8.1 所示,是由阻尼材料层和金属基层组成的复合结构。

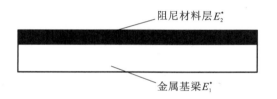

图 8.1 典型的 Oberst 复合层梁结构

金属基梁、阻尼材料层以及整个复合结构的弹性模量用复模量表示为

$$E_1^* = E_1(1 + i\eta_1)$$

$$E_2^* = E_2(1 + i\eta_2)$$

$$E^* = E(1 + i\eta) \tag{8.1}$$

式中，* 号表示复数，E_1^*、E_2^* 和 E^* 分别表示金属基梁、阻尼材料层以及整个复合结构的复模量，E_1、E_2、E 和 η_1、η_2、η 则为对应的储能模量和损耗因子。

8.1.1　Oberst 复合层梁的弯曲振动方程

假定复合层梁处于稳定弯曲振动状态，梁宽度远小于弯曲波长长度，则 Oberst 复合层梁稳定弯曲振动的力学模型如图 8.2 所示，振动相关状态参数包括：横向振动速度 v、横向角速度 ω、弯曲角位移 θ、横向作用力 P 和弯曲力矩 M。

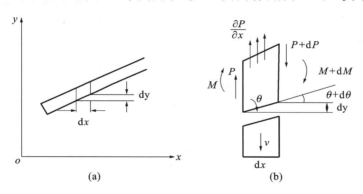

图 8.2　复合层梁的稳定弯曲振动力学模型

对于稳定的弯曲振动，其状态参数应满足下列关系：

$$\omega = \frac{\partial v}{\partial x} \tag{8.2}$$

$$M = \frac{E^* I}{i\omega} \frac{\partial \omega}{\partial x} \tag{8.3}$$

$$\frac{\partial P}{\partial x} = i\omega m v \tag{8.4}$$

式中，m 为单位长度梁的质量，I 为截面的惯性矩。

设 $B^* = E^* I$ 表示复合梁的抗弯刚度，则 Oberst 复合层梁横向振动的运动方程可表示为

$$\frac{\partial^4 v}{\partial x^4} - \frac{\omega^2 m}{B^*} = 0 \tag{8.5}$$

8.1.2 复合层梁的复弯曲刚度求解

（1）确定质心中心线位置

为了确定复合层梁复弯曲刚度 B^*，需确定结构的质心中心线位置。如图 8.3 所示，涂覆阻尼材料以后，整个复合梁的质心中心线位置将向上偏移，设 x 轴位于中心线上，其中，H_1、H_2 分别为金属基体和阻尼涂层的厚度，ζ 是阻尼涂层与光梁结合面到中心线的距离，则阻尼涂层上表面到 x 轴距离为 $H_2 + \zeta$，光梁下表面到 x 轴距离为 $H_1 - \zeta$。只要知道了 ζ，就确定了质心中心线位置。

金属光梁与阻尼涂层截面的 x 方向（即法向）应变、应力分别表示为 ε_1、ε_2 和 σ_1、σ_2。复合层梁在弯曲时，法向应变随 y 轴线性变化，由于转角较小，可认为基梁和涂层的应变具有相同的变化规律，即

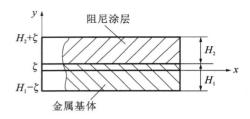

图 8.3 复合层梁中心线位置

$$\varepsilon_1 = \varepsilon_2 = \frac{y \, \mathrm{d}\theta}{\mathrm{d}x} = \frac{y}{\mathrm{i}\omega} \frac{\partial \omega}{\partial x} \qquad (8.6)$$

式中，$\dfrac{1}{\mathrm{i}\omega} \dfrac{\mathrm{d}\omega}{\mathrm{d}x}$ 为曲率且为常数。

根据胡克定律，沿 x 方向的金属基体和阻尼涂层的法向拉应力 σ_1、σ_2 则可分别表示为

$$\sigma_1 = E_1 \varepsilon_1 \qquad (8.7)$$

$$\sigma_2 = E_2 \varepsilon_2 \qquad (8.8)$$

在纯弯曲振动中，截面正应力的分布规律见图 8.4，且作用于梁的横截面上沿 x 方向的力等于零，即

$$\int_{\zeta}^{H_2+\zeta} \sigma_2 \mathrm{d}y + \int_{-(H_1-\zeta)}^{\zeta} \sigma_1 \mathrm{d}y = 0 \qquad (8.9)$$

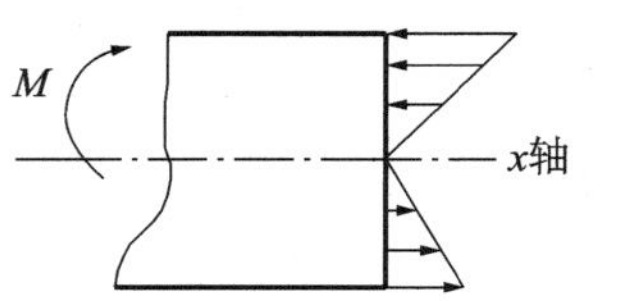

将式（8.6）、式（8.7）、式（8.8）代入式（8.9），得

图 8.4 轴线上正应力变化规律

$$\int_{\zeta}^{H_2+\zeta} E_2 \frac{y}{\mathrm{i}\omega} \frac{\partial \omega}{\partial x} \mathrm{d}y + \int_{-(H_1-\zeta)}^{\zeta} E_1 \frac{y}{\mathrm{i}\omega} \frac{\partial \omega}{\partial x} \mathrm{d}y = 0 \qquad (8.10)$$

因为 $\dfrac{1}{\mathrm{i}\omega} \dfrac{\partial \omega}{\partial x}$ 为常数，则式（8.10）可以化简为

$$\int_{\zeta}^{H_2+\zeta} E_2 y \mathrm{d}y + \int_{-(H_1-\zeta)}^{\zeta} E_1 y \mathrm{d}y = 0$$

进一步展开得

$$\frac{1}{2}E_1 H_1^2 - \frac{1}{2}E_2 H_2^2 = \zeta(E_2 H_2 + E_1 H_1)$$

则阻尼涂层和光梁结合面到中心线的距离 ζ 可表示为

$$\zeta = \frac{1}{2}\frac{E_1 H_1^2 - E_2 H_2^2}{E_1 H_1 + E_2 H_2} \tag{8.11}$$

（2）涂层复合层梁的复弯曲刚度求解

复合层梁的弯曲力矩 M 可表示为

$$M = \int_{\zeta}^{H_2+\zeta} by\sigma_2 \mathrm{d}y + \int_{-(H_1-\zeta)}^{\zeta} by\sigma_1 \mathrm{d}y = \frac{b}{\mathrm{i}\omega}\frac{\partial \omega}{\partial x}\int_{\zeta}^{H_2+\zeta} E_2^* y^2 \mathrm{d}y + \frac{b}{\mathrm{i}\omega}\frac{\partial \omega}{\partial x}\int_{-(H_1-\zeta)}^{\zeta} E_1^* y^2 \mathrm{d}y \tag{8.12}$$

式中，b 为梁的宽度。

将 $M = \dfrac{B^*}{\mathrm{i}\omega}\dfrac{\partial \omega}{\partial x}$ 代入式（8.12）中，整理可得涂层结构的复弯曲刚度为

$$\begin{aligned}
B^* &= b\int_{-(H_1-\zeta)}^{\zeta} E_1^* y^2 \mathrm{d}y + b\int_{\zeta}^{H_2+\zeta} E_2^* y^2 \mathrm{d}y \\
&= \frac{bE_1^*}{3}\big[H_1^3 - 3H_1^2\zeta + 3H_1\zeta^2\big] + \frac{bE_2^*}{3}\big[H_2^3 + 3H_2^2\zeta + 3H_2\zeta^2\big] \\
&= \frac{bE_1^* H_1^3}{3}\Big[\frac{E_2^*}{E_1^*}\Big(\frac{H_2^3}{H_1^3} + 3\frac{H_2^2\zeta}{H_1^3} + 3\frac{H_2}{H_1}\frac{\zeta^2}{H_1^2}\Big) + 1 - 3\frac{\zeta}{H_1} + 3\frac{\zeta^2}{H_1^2}\Big]
\end{aligned} \tag{8.13}$$

令 $e^* = \dfrac{E_2^*}{E_1^*} = \dfrac{E_2}{E_1}\dfrac{1+\mathrm{i}\eta_2}{1+\mathrm{i}\eta_1}$，$h = \dfrac{H_2}{H_1}$，且将 $\zeta = \dfrac{1}{2}\dfrac{E_1^* H_1^2 - E_2^* H_2^2}{E_1^* H_1 + E_2^* H_2}$ 代入式（8.13）中，得

$$B^* = \frac{E_1^* bH_1^3}{12}\Big[\frac{4(1+e^* h^3)(1+e^* h) - 3(1-e^* h^2)^2}{1+e^* h}\Big] \tag{8.14}$$

根据材料力学理论

$$B_1^* = E_1^* I_1 = \frac{E_1^* bH_1^3}{12} \tag{8.15}$$

则式（8.14）可简化为

$$\begin{aligned}
B^* &= B_1^*\Big[\frac{4(1+e^* h^3)(1+e^* h) - 3(1-e^* h^2)^2}{1+e^* h}\Big] \\
&= B_1^*\Big[\frac{1 + 2e^*(2h+3h^2+2h^3) + e^{*2}h^4}{1+e^* h}\Big]
\end{aligned} \tag{8.16}$$

则复合层梁的复弯曲刚度与金属基体的弯曲刚度比为

$$\frac{B^*}{B_1^*} = \frac{1 + 2e^*(2h + 3h^2 + 2h^3) + e^{*2}h^4}{1 + e^*h} \tag{8.17}$$

8.1.3 复合层梁等效力学参数

涂层和金属基体复模量之比可表示为

$$e^* = \frac{E_2}{E_1}\frac{1 + i\eta_2}{1 + i\eta_1} = \frac{E_2}{E_1}\frac{1 + \eta_1\eta_2}{1 + \eta_1^2} + i\frac{E_2}{E_1}\frac{\eta_2 - \eta_1}{1 + \eta_1^2} = e\frac{1 + \eta_1\eta_2}{1 + \eta_1^2} + ie\frac{\eta_2 - \eta_1}{1 + \eta_1^2} \tag{8.18}$$

将 $B^* = E^*I = EI(1 + i\eta) = B(1 + i\eta)$，$e^* = e\dfrac{1 + \eta_1\eta_2}{1 + \eta_1^2} + ie\dfrac{\eta_2 - \eta_1}{1 + \eta_1^2}$ 代入到式(8.17)，有

$$\frac{B}{B_1}\frac{1 + i\eta}{1 + i\eta_1} = \frac{1 + 2\left(e\dfrac{1 + \eta_1\eta_2}{1 + \eta_1^2} + ie\dfrac{\eta_2 - \eta_1}{1 + \eta_1^2}\right)(2h + 3h^2 + 2h^3) + \left(e\dfrac{1 + \eta_1\eta_2}{1 + \eta_1^2} + ie\dfrac{\eta_2 - \eta_1}{1 + \eta_1^2}\right)^2 h^4}{1 + \left(e\dfrac{1 + \eta_1\eta_2}{1 + \eta_1^2} + ie\dfrac{\eta_2 - \eta_1}{1 + \eta_1^2}\right)h} \tag{8.19}$$

式(8.19)左右两边取实部，有

$$\frac{B(1 + \eta\eta_1)}{B_1(1 + \eta_1^2)} = \frac{c_1c_2 + c_3}{c_4} \tag{8.20}$$

式中

$$c_1 = 1 + \eta_1^2 + 2e(1 + \eta_1\eta_2)(2h + 3h^2 + 2h^3) + e^2\frac{1 + 4\eta_1\eta_2 - \eta_1^2 - \eta_2^2 + \eta_1^2\eta_2^2}{1 + \eta_1^2}h^4$$

$$c_2 = 1 + eh + \eta_1^2 + eh\eta_1\eta_2, c_3 = 2e^2(\eta_2 - \eta_1)^2\left[2h^2 + 3h^3 + 2h^4 + \frac{eh^5(1 + \eta_2\eta_1)}{1 + \eta_1^2}\right]$$

$$c_4 = (1 + eh)^2 + (\eta_1^2 + eh\eta_1\eta_2)^2 + 2(1 + eh)(\eta_1^2 + eh\eta_1\eta_2) + (\eta_2 - \eta_1)^2e^2h^2$$

略去无穷小项 η_1^2，$\eta_1\eta_2$，η_2^2，$\eta_1\eta$，则实部为

$$\frac{B}{B_1} = \frac{1 + 2e(2h + 3h^2 + 2h^3) + e^2h^4}{1 + eh} \tag{8.21}$$

则涂层复合层梁的弹性模量为

$$E = \frac{1 + 2e(2h + 3h^2 + 2h^3) + e^2h^4}{(1 + eh)(1 + h)^3}E_1 \tag{8.22}$$

类似地对式(8.19)两边取虚部，可推导出涂层复合层梁的损耗因子为

$$\frac{\eta-\eta_1}{\eta_2-\eta_1}=\frac{eh}{1+eh}\frac{3+6h+4h^2+2eh^3+e^2h^4}{1+4eh+6eh^2+4eh^3+e^2h^4} \tag{8.23}$$

从式(8.22)和式(8.23)可以看出,如果已知自由阻尼层结构的材料弹性模量比 $e=\dfrac{E_2}{E_1}$,层厚比 $h=\dfrac{H_2}{H_1}$,涂层材料与基体材料的损耗因子 η_2 和 η_1,就可以求得自由阻尼层结构梁的复合结构的弹性模量和损耗因子,此方法记作方法一。

此外,根据参考文献[81]和[117],涂层复合层梁的等效弹性模量和损耗因子的另一种计算方法可表示为式(8.24),此方法记作方法二。

$$\left.\begin{array}{l} B^*=E^*I=I(1+\mathrm{i}\eta)I \\[2mm] E=\dfrac{48\rho\pi^2L^4f_j^2}{(H_1+H_2)^2\lambda_j^4} \\[3mm] I=\dfrac{b(H_1+H_2)^3}{12} \\[3mm] \rho=\dfrac{(\rho_1H_1+\rho_2H_2)}{H_1+H_2} \end{array}\right\} \tag{8.24}$$

式中,ρ_1、ρ_2 分别为金属基体和涂层的密度,L 为悬臂梁的长度,b 为悬臂梁的宽度,f_j 为复合层梁第 j 阶的固有频率,λ_j 为相对应阶数的特征值。其中,复合层梁结构的 η 可以采用半功率带宽法求得。

以上两种辨识复合层梁的等效弹性模量和损耗因子的方法都是基于实验获得的。

8.2　复合层梁的动力学方程的求解方法

基础激励作用下悬臂梁模型的叶片 - 硬涂层的稳态响应可表示为

$$\lambda(x,t)=y(t)+v(x,t) \tag{8.25}$$

式中,$y(t)$ 为基础激励,其表达式为 $y(t)=Y\sin(\omega t)$。

基于第 2 章的理论研究,忽略叶根处的接触摩擦力、离心力和气动力,将式(8.25)代入式(2.16),得到叶片 - 硬涂层在基础激励作用下的运动微分方程,可表示为

$$E^*I\frac{\partial^4v(x,t)}{\partial x^4}+m\frac{\partial^2v(x,t)}{\partial t^2}=-m\frac{\partial^2y(t)}{\partial t^2} \tag{8.26}$$

式中,v 为横向位移变量。

将 $E^* = E(1+\mathrm{i}\eta)$ 代入式(8.26)，运动方程变为

$$EI(1+\mathrm{i}\eta)\frac{\partial^4 v(x,t)}{\partial x^4} + m\frac{\partial^2 v(x,t)}{\partial t^2} = -m\frac{\partial^2 y(t)}{\partial t^2} \qquad (8.27)$$

采用 Galerkin 法，取前 n 阶模态，振型函数为 $\phi_i(x)$，引入正则坐标 $q_i(t)$，根据振型叠加法，横向位移变量 $v(x,t)$ 可写作

$$v(x,t) = \sum_{i=1}^{n} \phi_i(x) q_i(t) \qquad (8.28)$$

使用悬臂梁的特征函数作为叶片 - 硬涂层的振型函数，即

$$\phi_i(x) = \cosh\frac{\lambda_i}{l}x - \cos\frac{\lambda_i}{l}x - \frac{\cosh\lambda_i + \cos\lambda_i}{\sinh\lambda_i + \sin\lambda_i}\left(\sinh\frac{\lambda_i}{l}x - \sin\frac{\lambda_i}{l}x\right) \quad (8.29)$$

式中，λ_i 表示悬臂梁特征值，l 表示悬臂梁总长。

悬臂梁的频率方程，即悬臂梁弯曲振动的特征方程为

$$\cos\lambda_i \cosh\lambda_i + 1 = 0 \qquad (8.30)$$

考虑到振型函数有如下正交性：

$$\int_0^l \phi_j(x)\phi_i(x)\mathrm{d}x = \begin{cases} 0 & (j \neq i) \\ l & (j = i) \end{cases} \qquad (8.31a)$$

$$\int_0^l \phi_j(x)\phi_i^{(4)}(x)\mathrm{d}x = \begin{cases} 0 & (j \neq i) \\ \dfrac{\lambda_i^4}{l^3} & (j = i) \end{cases} \qquad (8.31b)$$

利用振型函数的正交性将振动方程(8.25)解耦，两端乘以 $\phi_j(x)$，并沿叶片 - 硬涂层全长进行积分得：

$$EI(1+\mathrm{i}\eta)\sum_{i=1}^{n} q_i(t)\int_0^l \phi_j(x)\phi_i^{(4)}(x)\mathrm{d}x + \rho A\sum_{i=1}^{n} \ddot{q}_i(t)\int_0^l \phi_j(x)\phi_i(x)\mathrm{d}x$$
$$= \int_0^l -m\frac{\partial^2 y(t)}{\partial t^2}\phi_j(x)\mathrm{d}x \qquad (8.32)$$

当 $i = j$ 时，式(8.32) 变为式(8.33)

$$\rho Al\ddot{q}_j(t) + EI(1+\mathrm{i}\eta)\frac{\lambda_j^4}{l^3}q_j(t) = \int_0^l -m\frac{\partial^2 y(t)}{\partial t^2}\phi_j(x)\mathrm{d}x \qquad (8.33)$$

将式(8.33) 写成如下形式

$$m\ddot{q}_j + k(1+\mathrm{i}\eta)q_j = F_o\mathrm{e}^{\mathrm{i}\omega t} \qquad (8.34)$$

式中，$m = \rho Al$，$k = EI(1+\mathrm{i}\eta)\dfrac{\lambda_j^4}{l^3}$。

叶片 - 硬涂层的固有频率可表示为[118]

$$\omega_j = \lambda_j^2 \sqrt{\frac{EI}{m}} \quad (j = 1, 2, 3, \cdots)$$

根据式(8.30)可求解特征值,本章对前 3 阶模态进行计算,前 3 阶特征值为

$$\lambda_1 = 1.875, \quad \lambda_2 = 4.694, \quad \lambda_3 = 7.855$$

设式(8.34)的解为

$$q_j(t) = A_j e^{i(\omega t - \beta_j)} \tag{8.35}$$

式中,A_j、β_j 为对应于第 j 阶的响应幅值和相位差角。将方程(8.35)代入方程(8.34)可以得到

$$A_j = \frac{F_{j0}}{k \sqrt{(\omega_j^2 - \omega^2)^2 + (\omega_j^2 \eta)^2}} \tag{8.36}$$

$$\beta_j = \tan^{-1} \frac{\omega_j^2 \eta}{\omega_j^2 - \omega^2} \tag{8.37}$$

8.3　复合层梁等效参数正确性验证

8.3.1　有限元建模

本节将基于实验获得的复合层梁模型的材料参数和几何参数列入表 8.1 和表 8.2,并分别根据式(8.22)、式(8.23)和式(8.24)两种不同的获得等效复合层梁材料参数的方法计算复合层梁的固有频率。其中,基于方法一获得的复合层梁的等效材料参数如表 8.3 所示,基于方法二获得的复合层梁的等效材料参数如表 8.4 所示。

表 8.1　梁的几何参数及涂层厚度

长度(mm)	宽度(mm)	基层厚度 H_1(mm)	涂层厚度 H_2(μm)
251.1	21.1	1.48	18

表 8.2　梁和硬涂层的材料参数

	材料	弹性模量(GPa)	密度(kg/m³)	泊松比
梁	Ti-6Al-4V	110.32	$\rho_1 = 4420.0$	0.3
涂层	NiCrAlY	51.20	$\rho_2 = 2840.7$	0.3

　　应用 ANSYS 软件对梁进行模态分析,选择 SOLID186 单元创建梁模型,材料参数如表 8.3 和表 8.4 所示,梁的边界条件为一端固支一端自由,为了与实验的边界条件相符,约束距离梁根部 25 mm 处的节点。梁的有限元模型如图 8.5 所示,其中有 3803 个节点、500 个实体单元。模态求解方法采用 Block Lanczos 模态提取法。

表 8.3　Oberst 复合层梁的等效材料参数(方法一)

	弹性模量(GPa)	密度(kg/m³)	泊松比
Oberst 复合层梁	108.34	4401.02	0.3

表 8.4　复合层梁的等效材料参数(方法二)

	弹性模量(GPa)			密度(kg/m³)	泊松比
	第 1 阶	第 2 阶	第 3 阶	$\rho = 4401.023$	0.3
复合层梁	107.42	105.58	105.29		

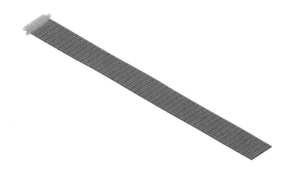

图 8.5　梁的有限元模型

8.3.2　结果分析

　　以梁为例,将等效的材料参数输入到 ANSYS 软件中,利用有限元法计算其在涂覆硬涂层材料 NiCrAlY 后的前 3 阶弯曲模态的固有频率,并与梁的解析解和实验值进行相互对比、相互验证。其中,采用方法一相应的结果列在表 8.5 中,采用方法二相应的结果列在表 8.6 中。

　　从表 8.5 和表 8.6 中可以看出,与实验结果相比,有限元结果与实验结果的差异率在 3% 以内,其中,方法二的差异率在 1% 以内;解析解与实验结果的差异率在 2% 以内,其中,方法一的差异率在 1% 以内。由此可验证有限元仿真值、解析解的正确性,进而证明了等效材料参数的正确性。

表 8.5 梁涂覆涂层后的有限元值、解析解与实验的固有频率(方法一)

阶次	涂覆涂层后的梁					
	有限元值(Hz)	实验值(Hz)	差异率(%)	解析解(Hz)	实验值(Hz)	差异率(%)
1	23.6	23.4	−0.85	23.2	23.4	0.85
2	148.3	145.4	−1.99	145.8	145.4	−0.27
3	415.4	406.5	−2.18	408.3	406.5	−0.04

表 8.6 梁涂覆涂层后的有限元值、解析解与实验的固有频率(方法二)

阶次	涂覆涂层后的梁					
	有限元值(Hz)	实验值(Hz)	差异率(%)	解析解(Hz)	实验值(Hz)	差异率(%)
1	23.6	23.4	−0.85	23.2	23.4	0.85
2	146.4	145.4	−0.68	143.97	145.4	0.98
3	409.5	406.5	−0.73	402.53	406.5	1.02

8.4 复合层梁的固有频率计算

之前的分析采用的是等效材料参数的办法,将基体和硬涂层等效成一个梁来进行分析,本节将基体和硬涂层进行复合层结构的建模。基层采用 SOLID186 单元,硬涂层采用 SHELL181 单元,材料参数如表 8.2 所示,硬涂层-梁的有限元模型如图 8.6 所示。其中,硬涂层的弹性模量写成如下形式

$$
C = \begin{bmatrix}
C_{11} & C_{12} & C_{12} & 0 & 0 & 0 \\
C_{12} & C_{11} & C_{12} & 0 & 0 & 0 \\
C_{12} & C_{12} & C_{11} & 0 & 0 & 0 \\
 & & & \dfrac{C_{11}-C_{12}}{2} & & \\
 & \text{sym} & & & \dfrac{C_{11}-C_{12}}{2} & \\
 & & & & & \dfrac{C_{11}-C_{12}}{2}
\end{bmatrix}
\tag{8.38}
$$

$$
C_{12} = \lambda, \quad C_{11} - C_{12} = 2\mu
\tag{8.39}
$$

$$\lambda = \frac{E\nu}{(1+\nu)(1-2\nu)}, \quad \mu = \frac{E}{2(1+\nu)} \tag{8.40}$$

由式(8.38)～式(8.40),可以通过各向同性材料的弹性模量 E 和泊松比 ν 得出材料的弹性系数。经计算得到硬涂层材料 NiCrAlY 的弹性系数如表 8.7 所示。

表 8.7 NiCrAlY 的弹性系数

弹性系数（GPa）	C_{11}	C_{22}	C_{12}	C_{13}	C_{23}	C_{33}	C_{44}	C_{55}	C_{66}
	68.9	68.9	29.5	29.5	29.5	68.9	19.7	19.7	19.7

图 8.6 硬涂层-梁的有限元模型

由表 8.8 可知,采用 Oberst 等效材料参数的仿真值与硬涂层-梁复合结构的仿真值几乎一致,说明采用等效材料参数可有效地进行硬涂层-梁复合结构的有限元计算。

表 8.8 硬涂层-梁的有限元值、实验值和 Oberst 梁值的对比

阶数	涂覆涂层后梁					
	有限元值	实验值	差异率(%)	Oberst 梁值	有限元值	差异率(%)
1	23.6	23.4	−0.85	23.6	23.6	0
2	148.2	145.4	−1.93	148.3	148.2	0.06
3	415.2	406.5	−2.14	415.4	415.2	0.04

8.5 基于实验测试的复合层梁的基础激励响应求解方法的验证

实验测试得到的钛基悬臂梁涂覆涂层前后的固有频率和阻尼比如表 8.9 所

示,从表中可以看出,涂覆涂层后的钛基悬臂梁固有频率发生了改变,损耗因子明显增大。

表 8.9   钛基悬臂梁涂覆涂层前后的模态参数

阶数	涂覆涂层前		涂覆涂层后	
	固有频率(Hz)	损耗因子(%)	固有频率(Hz)	损耗因子(%)
1	23.15	0.544	23.4	0.786
2	144.6	0.058	145.35	0.070
3	404.5	0.028	406.5	0.038
4	792.8	0.022	796.05	0.026
5	1312.7	0.040	1318.85	0.044

根据表 8.9 中的参数,计算涂覆涂层前后钛基悬臂梁在基础激励作用下,激励频率为第 1 阶固有频率,激励加速度幅值为 $1.6g$,距离根部 200 mm 处的响应值如图 8.7 所示。

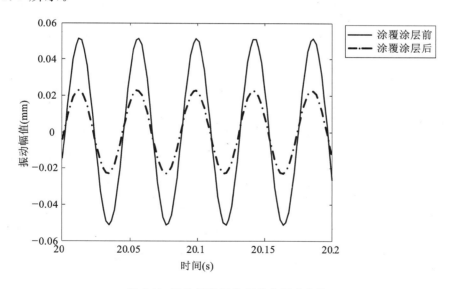

图 8.7   梁涂覆涂层前后的共振响应值

从图 8.7 看出,涂覆涂层后钛基悬臂梁的振动响应明显发生了下降,同样验证了涂覆硬涂层的减振有效性。

9 基于实验测试的直板叶片-硬涂层振动分析的有限元方法的确认

本章以直板叶片实验件为研究对象,将硬涂层材料涂覆在直板叶片上,对涂覆硬涂层前后的直板叶片进行实验测试。利用有限元软件 ANSYS 对涂覆硬涂层前后的直板叶片进行数值仿真计算,并通过实验测试的方法验证直板叶片-硬涂层有限元建模方法的合理性和阻尼减振的有效性。

9.1 涂覆涂层前后直板叶片动力学特性测试

9.1.1 实验对象

本节以直板叶片为研究对象,测试涂覆涂层前后直板叶片的固有频率、模态振型、模态阻尼比和振动响应,为后续的有限元建模与分析及其硬涂层阻尼减振的有效性分析的对比验证提供参考。

直板叶片的材料为普通碳素结构钢 Q235A,其几何特征如图 9.1 所示,其几何尺寸和涂层厚度如表 9.1 所示。NiCrAlY 硬涂层采用物理气相沉积(PVD)制备,涂覆硬涂层前后的直板叶片如图 9.2 所示,材料参数如表 9.2 所示。

表 9.1 直板叶片-硬涂层的几何参数(mm)

叶身长度 h_2	叶身宽度 b	叶身厚度 d_2	叶根长度 h_1	叶根厚度 d_1	圆角 R_1	涂层厚度
69.94	39.70	2.06	49.98	8.10	1	0.02

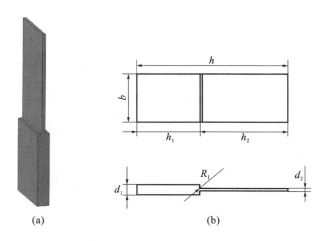

图 9.1 直板叶片几何特征

(a)实体模型;(b)几何尺寸

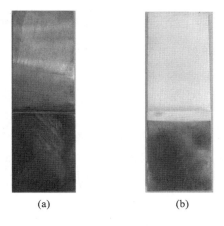

图 9.2 涂覆 NiCrAlY 涂层前后的直板叶片

(a)涂覆涂层前直板叶片;(b)涂覆涂层后直板叶片

表 9.2 直板叶片和硬涂层 NiCrAlY 的材料参数

	弹性模量(GPa)	泊松比	密度(kg/m³)
直板叶片	212	0.288	7800
NiCrAlY	51.2	0.31	2840.7

9.1.2 实验方法

直板叶片固有特性的测试系统主要包括激励设备、拾振传感器、数据采集分析仪、用于操纵测试和数据处理的计算机。本实验的激励设备选为电磁振动台（图9.3），拾振传感器选为激光测振仪，数据采集器为 LMS 数据采集前端。

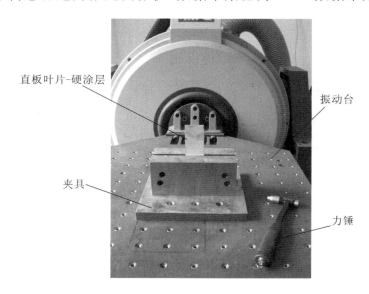

直板叶片-硬涂层

振动台

夹具

力锤

图 9.3　直板叶片测试实验装置实物图

9.1.3　实验结果

通过振动台扫频测试获得涂覆 NiCrAlY 前后直板叶片的固有频率如表 9.3 所示。利用自由衰减信号的包络线法辨识出的直板叶片的损耗因子如表 9.4 所示。对直板叶片进行定频定幅激励，激励频率为直板的前 3 阶共振频率，幅值为 1 g，其响应峰值如表 9.5 所示，涂覆 NiCrAlY 前后直板叶片的响应对比曲线如图 9.4 所示。涂覆涂层前后直板叶片振型不变，其涂覆涂层前的振型如表 9.6 所示。

表 9.3　实验测试所得涂覆涂层前后直板叶片的固有频率（Hz）

模态阶数	1	2	3
直板叶片固有频率 A	363.8	1356.6	2179.1
叶片-硬涂层复合结构固有频率 B	364.0	1358.3	2183.5
差值（$B-A$）	0.2	1.7	4.4

由表 9.3 可看出，直板叶片在涂覆 NiCrAlY 硬涂层后固有频率增大，并且随着阶次的升高而逐渐增大。

表 9.4 实验测试所得涂覆涂层前后直板叶片的损耗因子

模态阶数	1	2	3
钢板损耗因子 $A(\%)$	0.063	0.013	0.024
涂层复合直板叶片结构损耗因子 $B(\%)$	0.171	0.019	0.031
差值 $\dfrac{\lvert B-A \rvert}{A}(\%)$	171.4	46.2	29.2

由表 9.4 可以看出，涂覆涂层后直板叶片的阻尼比有了显著的提高，提高幅度在 25% 以上。由此可见，涂覆 NiCrAlY 可有效地提高结构的阻尼特性。

从表 9.5 和图 9.4 中可以看出，在涂覆 NiCrAlY 硬涂层后，直板叶片同一位置的响应曲线的峰值降低，具有减振效果。但由于涂层厚度仅为 $20\mu m$，故直板叶片的响应幅值仅略有降低。

表 9.5 实验测试所得涂覆涂层前后直板叶片的定频响应

阶数	涂覆涂层前		涂覆涂层后	
	频率(Hz)	响应峰值(m/s²)	频率(Hz)	响应峰值(m/s²)
第 1 阶	363.81	154.2	364	120.4
第 2 阶	1356.63	164.6	1358.25	51.9
第 3 阶	2179.13	701.9	2183.5	505.3

表 9.6 直板叶片的振型

阶次	仿真振型	实验振型
1	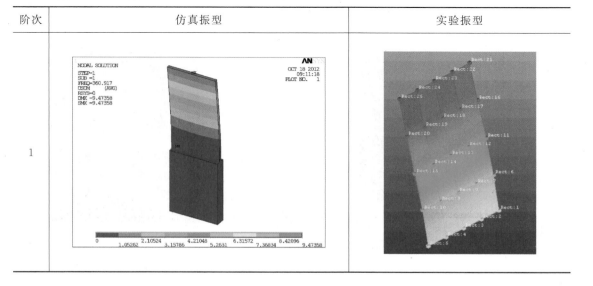	

续表 9.6

阶次	仿真振型	实验振型
2	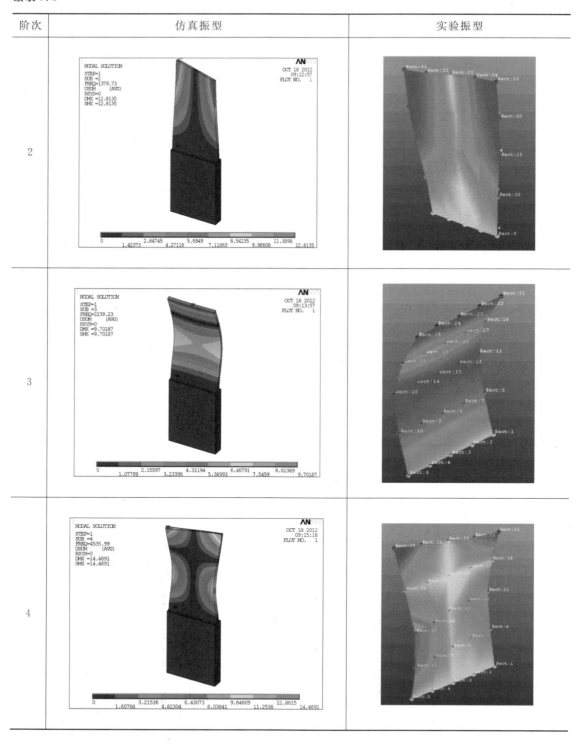	
3		
4		

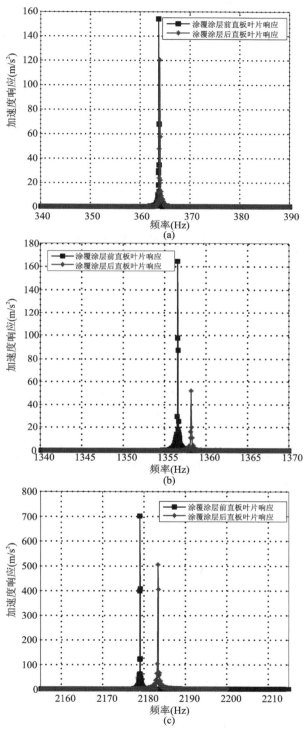

图 9.4　直板叶片响应对比曲线

(a)第 1 阶定频激励响应;(b)第 2 阶定频激励响应;(c)第 3 阶定频激励响应

9.2 涂覆涂层前后直板叶片的有限元分析

本节使用 ANSYS 对涂覆涂层前后的直板叶片进行有限元分析,获得直板叶片的固有特性及振动响应,并与实验值进行相互对比、相互验证。

9.2.1 叶片-硬涂层复合结构的有限元建模方法

在 ANSYS 中复合结构的有限元建模主要有 4 种方法:

(1)创建基体模型,划分好网格,采用 ANSYS 中的 Extopt 命令,将面拉伸成体。此方法简单易行,适合各种复杂模型涂层结构的创建。

(2)创建两个实体模型,采用 Vglue 命令,将两个体的相交面黏结在一起。此方法有一定的局限性,仅限于同等级几何实体使用。

(3)创建两个实体模型,采用 Cpintf 命令,将两个体的相交面上的节点耦合在一起,但是需要注意,把处在边界条件上的节点去掉,否则无法计算。此方法有些麻烦,但是在创建涂层面与基体面面积不同时会用到此方法,如前文创建带有黏弹性阻尼块的叶片时便采用此方法建模。

(4)创建两个实体模型,采用 Nummrg 命令将实体合并,此方法只适用于涂层结构和基体结构简单的模型。

上述 4 种方法执行操作后形成共同边界,母体仍然独立,这样处理过的几何体,在物理层面上是一个整体,受力会自然传递,与实际的附加阻尼结构一致。

为了验证方法的正确性,采用简单的板进行涂层复合结构的有限元分析,板的尺寸与实验中的直板叶片的叶身尺寸完全相同。研究结果表明,上述方法获得的固有频率结果是一样的,4 种复合结构的有限元建模的正确性验证见 9.3 节,本小节直板叶片-硬涂层的求解采用第一种方法。

9.2.2 叶片-硬涂层复合结构的有限元计算

直板叶片采用 Q235A 材料,涂层材料为 NiCrAlY,材料参数如表 9.2 所示。采用 SOLID186 单元,该单元是高阶的三维 20 节点结构实体单元,采用二次位移插值函数,对不规则形状具有较好的精度,可很好地适应曲线边界。每个节点有 3 个自由度,即沿节点坐标系 x、y 和 z 方向的平动位移。

在 SOLID186 单元分析中,直板叶片使用体扫描方式划分网格,全局单元大小为 2 mm,共划分了 8127 个单元,40770 个节点,如图 9.5(a)所示。直板叶片-硬涂层共划分了 93691 个单元,459591 个节点,其中涂层共划分了 1242 个单元,5189 个节点,如图 9.5(b)所示。

(a)   (b)

图 9.5　直板叶片有限元模型示意图

(a)未涂覆涂层的直板叶片;(b)涂覆涂层后的直板叶片

对直板叶片根部的两个侧面进行全约束,采用 Block Lanczos 方法进行模态分析。

9.2.3　叶片-硬涂层复合结构的求解结果

（1）固有频率结果

有限元计算得到的涂层前后的直板叶片的固有频率值如表 9.7 所示。通过实验结果与有限元结果对比,差值都在 3% 以内,仿真结果与实验结果有误差,但是在可接受的范围内,验证了有限元数值仿真的正确性。涂覆硬涂层后对振型无大影响,有限元仿真的振型图如表 9.6 所示。

表 9.7　有限元计算和实验获得的涂覆涂层前后直板叶片的固有频率

	模态阶数	1	2	3
直板叶片	实验值 A	363.8	1356.6	2179.1
	有限元值 B	360.9	1380.9	2239.7
直板叶片-硬涂层	实验值 A	364.0	1358.3	2183.5
	有限元值 B	361.4	1383.0	2243.1
直板叶片	差值 $\dfrac{\lvert B-A\rvert}{A}$（%）	0.79	1.79	2.78
直板叶片-硬涂层		0.71	1.82	2.72

（2）谐响应分析结果

在本节中，谐响应分析采用瑞利阻尼，其中瑞利阻尼通过涂覆涂层前后的直板叶片的实验数据获得，如表 9.3 和表 9.4 所示。本节采用实验数据中涂覆涂层前后直板叶片的第 1 阶和第 3 阶固有频率和相应的阻尼比，根据第 3 章的式（3.24）得到涂覆涂层前直板叶片的阻尼为 $\alpha=2.7743, \beta=2.0259\times10^{-8}$，涂覆涂层后直板叶片的阻尼为 $\alpha=7.8023, \beta=3.7389\times10^{-9}$。扫频范围为 $300\sim400$ Hz，子步数为 500，施加 $1g$ 的加速度激励。

涂覆涂层前后直板叶片的第 1 阶共振响应如图 9.6 所示，可以看出在涂覆硬涂层后直板叶片的响应值降低，说明了硬涂层具有减振效果。与图 9.4（a）中的实验数据对比可以看出，仿真结果与实验结果有一定的误差，但在可接受的范围内。其中，数值仿真中涂覆涂层前直板叶片的响应比实验数据中的响应值低，数值仿真中涂覆涂层后直板叶片的响应比实验数据中的响应值高。误差产生的原因主要包括两点：

一方面是，实验过程中实验器材连接结构和加载装置可能引入一定量的附加阻尼，系统其他部件的接触面也会提供摩擦阻尼。因此，共振响应的测试结果略小于仿真计算结果。

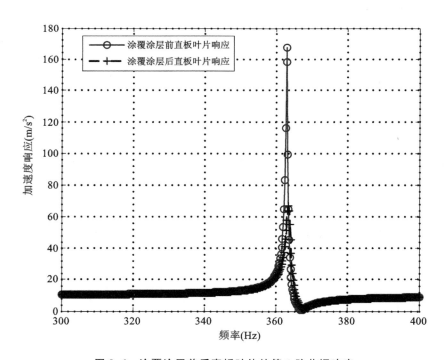

图 9.6　涂覆涂层前后直板叶片的第 1 阶共振响应

另一方面,本节取的实验中的涂覆涂层前后的第 1 阶和第 3 阶固有频率和相应的阻尼比计算出瑞利阻尼,计算出的涂覆涂层后的阻尼比涂覆涂层前的阻尼高出很多,这也是造成涂覆涂层后的数值仿真结果比涂覆涂层前的结果小很多的原因,以至于比实验数据中的共振响应值小。

9.3　叶片-硬涂层复合结构有限元建模方法的验证

本节针对叶片-硬涂层复合结构的 4 种有效的有限元建模方法的合理性进行验证,以涂覆 NiCrAlY 的钢板作为研究对象。钢板的相关几何参数列在表 9.8 中,与直板叶片叶身尺寸相同。通过有限元仿真值与实验值进行对比,证明 4 种建模方法的正确性。

表 9.8　钢板的几何参数

悬臂端长度(mm)	宽度(mm)	厚度(mm)	涂层材料	涂层厚度(mm)
69.94	39.70	2.06	NiCrAlY	0.02

采用 9.2.1 节的叶片-硬涂层复合结构的有限元建模方法,其中边界条件如图 9.7(a)所示,其他三种建模方法的边界条件如图 9.7(b)所示。研究结果表明,采用上述方法得到的叶片-硬涂层复合结构的固有频率值一样,说明在创建涂层结构时可根据模型的不同选择适当的有限元建模方法。有限元方法的计算结果和实验值的计算结果差异率在 5% 之内,如表 9.9 所示,验证了叶片-硬涂层复合结构的有限元建模方法的正确性。

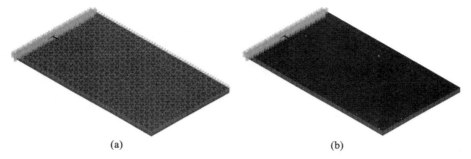

(a)　　　　　　　　　　　　(b)

图 9.7　叶片-硬涂层的边界条件

(a)耦合自由度;(b)其他建模方法

表 9.9　涂覆涂层前后有限元与实验固有频率的对比

阶次	涂覆涂层前			涂覆涂层后		
	有限元值(Hz)	实验值(Hz)	差异率	有限元值(Hz)	实验值(Hz)	差异率
1	363.2	363.8	0.16%	363.8	364.0	0.05%
2	1385.6	1356.6	−2.1%	1388.0	1358.3	−2.1%
3	2253.3	2179.1	−3.4%	2257.4	2183.5	−3.38%

10 叶片-硬涂层振动有限元分析及其减振有效性分析

本章利用复合结构的有限元法,建立了叶片-硬涂层的有限元动力学模型。对比分析硬涂层材料特性(如弹性模量、损耗因子、厚度和涂覆位置)对叶片固有特性和谐响应的影响。通过实验验证叶片-硬涂层的有限元建模方法和求解结果的正确性。

10.1   叶片-硬涂层复合结构的有限元建模方法

叶片-硬涂层在有限元建模时,可以先对叶片基体进行映射网格划分,然后将叶片网格沿着叶片叶背或叶盆生成硬涂层,使得两层实体的接触面的节点和单元有效耦合。在进行有限元模态分析时,采用与实际工作状态相近的叶片榫头两侧面固支的边界条件,模态求解方法采用 Block Lanczos 模态提取法。利用 ANSYS 软件对涂覆 20 μm 厚的叶片-硬涂层进行有限元建模,如图 10.1 所示。其中叶片基体选取 SOLID186 单元,单元数为 3020,节点数为 14903;硬涂层选取 SHELL181 单元,单元数为 300,节点数为 1307;共计单元总数为 3320,总节点数为 16210。叶片及硬涂层的材料参数如表 10.1 所示。采用复合结构的有限元法,获得叶片涂覆涂层前后的固有频率和振型结果如表 10.2 所示。由表 10.2 可知,添加硬涂层使叶片的固有频率略微地增加,振型变化较小。

表 10.1   叶片及涂层的材料参数

材料	弹性模量(Pa)	泊松比	密度(kg/m³)	损耗因子
叶片	214×10^9	0.3	7800	0.0007
NiCrAlY	51.2	0.31	2840.7	0.04

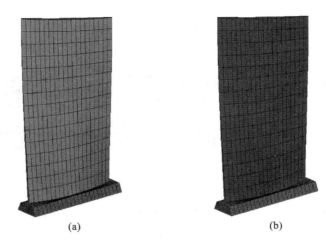

(a)　　　　　　　　　(b)

图 10.1　带有硬涂层的叶片的有限元模型

(a)涂覆涂层前；(b)涂覆涂层后

表 10.2　获得叶片涂层前后的固有频率和振型图

阶次 振型	1	2	3	4	5	6
光 叶 片	$f=251.34$ Hz	$f=994.06$ Hz	$f=1209.41$ Hz	$f=2473.18$ Hz	$f=2901.28$ Hz	$f=3071.30$ Hz
涂层 叶片	$f=251.35$ Hz	$f=994.63$ Hz	$f=1209$ Hz	$f=2475.1$ Hz	$f=2901.8$ Hz	$f=3068.6$ Hz
阶次 振型	7	8	9	10	11	12
光 叶 片	$f=4374.8$ Hz	$f=4625.09$ Hz	$f=5053.72$ Hz	$f=6385.53$ Hz	$f=6891.62$ Hz	$f=7572.74$ Hz
涂层 叶片	$f=4377.7$ Hz	$f=4628.3$ Hz	$f=5057.8$ Hz	$f=6390.6$ Hz	$f=6896.5$ Hz	$f=7580.5$ Hz

采用完全法对叶片进行谐响应分析,求解振动响应时,为了模拟基础位移激励,在与叶身的垂直方向(z方向)施加加速度激励。获得叶片涂层前后的 Rayleigh 阻尼如表 10.3 所示。

表 10.3　实验测试的获得叶片涂层前后的固有频率和阻尼比

阶数	涂覆涂层前			涂覆涂层后		
	固有频率（Hz）	模态阻尼比（%）	Rayleigh 阻尼	固有频率（Hz）	模态阻尼比（%）	Rayleigh 阻尼
1	252.3	0.0987	$\alpha=2.7631$	253.0	0.1004	$\alpha=2.7929$
2	1008.5	0.0678	$\beta=1.4522e-7$	1011.5	0.0720	$\beta=1.5748e-7$
3	1187.5	0.0287	—	1188.5	0.0216	—

10.2　叶片-硬涂层的减振分析与参数影响

叶片作为减振对象具有固定的几何尺寸和材料参数,一般不加以改变。对于硬涂层叶片结构,可变动的涂层参数主要包括硬涂层弹性模量、损耗因子、厚度、涂覆位置作为设计参数。选定上述参数的取值范围如下:硬涂层弹性模量为 51.2 GPa、80 GPa 和 110 GPa;硬涂层损耗因子为 0.02、0.04、0.06;厚度为 20 μm、35 μm 和 50 μm,涂覆位置分别为叶片上、中、下各 1/3,叶背和叶盆。

10.2.1　硬涂层弹性模量对叶片动力学特性的影响

取硬涂层的弹性模量分别为 51.2 GPa、80 GPa 和 110 GPa,硬涂层的其他参数如表 10.1 所示,叶片叶背全涂覆厚度为 20 μm 的硬涂层。对比叶片涂覆涂层前后的固有频率、模态损耗因子、共振响应、共振应力等参数的计算结果如表 10.4~表 10.7 和图 10.2 所示。

（1）对叶片固有特性的影响

由表 10.4、表 10.5 和图 10.2 可以看出随着硬涂层的弹性模量值的增加,复合结构的固有频率和模态损耗因子均增大。其中,第 8 阶和第 11 阶对应的模态损耗因子的值比低阶的高。

表 10.4　涂层取不同弹性模量时叶片系统的固有频率(Hz)

阶次 涂层参数	1	2	3	4	5	6
未涂覆涂层	251.34	994.06	1209.4	2473.2	2901.3	3071.3
$E_c=51.2\,GPa$	251.35	994.63	1209	2475.1	2901.8	3068.6
$E_c=80\,GPa$	251.63	995.92	1210.3	2478.6	2905.4	3070.2
$E_c=110\,GPa$	251.91	997.26	1211.6	2482.3	2909.2	3071.9
阶次 涂层参数	7	8	9	10	11	12
未涂覆涂层	4374.8	4625.1	5053.7	6385.5	6891.6	7572.8
$E_c=51.2\,GPa$	4377.7	4628.3	5057.8	6390.6	6896.5	7580.5
$E_c=80\,GPa$	4384.3	4636.1	5066.2	6400.8	6907.5	7592.8
$E_c=110\,GPa$	4391.1	4644.2	5074.9	6411.5	6918.9	7605.5

表 10.5　涂层取不同弹性模量时叶片系统的模态损耗因子($\times 10^{-4}$)

阶次 涂层参数	1	2	3	4	5	6
未涂覆涂层	7.000	7.000	7.000	7.000	7.000	7.000
$E_c=51.2\,GPa$	1.552	1.849	1.521	2.019	1.781	0.742
$E_c=80\,GPa$	2.415	2.875	2.368	3.137	2.770	1.158
$E_c=110\,GPa$	3.308	3.932	3.244	4.287	3.791	1.590
阶次 涂层参数	7	8	9	10	11	12
未涂覆涂层	7.000	7.000	7.000	7.000	7.000	7.000
$E_c=51.2\,GPa$	2.140	2.409	2.363	2.293	2.268	2.303
$E_c=80\,GPa$	3.323	3.739	3.671	3.560	3.522	3.574
$E_c=110\,GPa$	4.540	5.106	5.017	4.862	4.811	4.880

(2)对叶片共振响应和共振应力的影响

主要对容易产生掉角故障的危险振型进行分析,分别对第 1 阶、第 5 阶、第 8 阶和第 11 阶振型进行谐响应分析,针对不同的阶次采用不同的激振能量,其中,

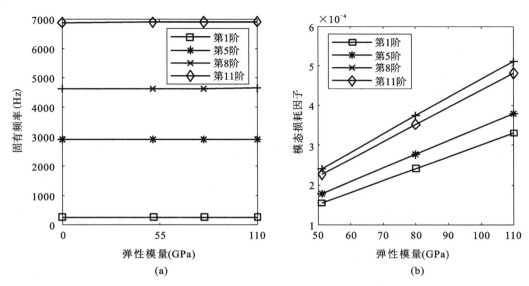

图 10.2　硬涂层弹性模量对涂层叶片的固有频率和模态损耗因子的影响

（a）对固有频率的影响；（b）对模态损耗因子的影响

叶片前 3 阶的激振力分别为 $0.5g$、$1.0g$ 和 $1.0g$，其他阶次如表 10.6 所示。叶片-硬涂层复合结构在叶尖处的共振响应和共振应力的计算结果如表 10.6、表 10.7 和图 10.3、图 10.4 所示。

表 10.6　涂层取不同弹性模量时叶片的共振响应（μm）

涂层参数＼阶次	1	5(8 g)	8(30 g)	11(100 g)
未涂覆涂层	700.153	9.831	16.69	0.4833
$E_c = 51.2$ GPa	635.3	8.44	14.7	0.466
$E_c = 80$ GPa	608.77	7.977	14.17	0.461
$E_c = 110$ GPa	582.21	7.533	13.646	0.457

表 10.7　涂层取不同弹性模量时叶片的共振 Mises 应力（MPa）

涂层参数＼阶次	1	5(8 g)	8(30 g)	11(100 g)
未涂覆涂层	15.1	4.03	3.1	3.92
$E_c = 51.2$ GPa	13.4	4.19	2.9	3.91
$E_c = 80$ GPa	64	4.26	3.35	3.9
$E_c = 110$ GPa	3.07	4.31	2.96	3.88

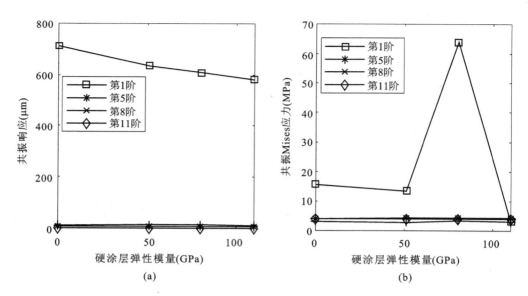

图 10.3　硬涂层弹性模量对叶片-硬涂层复合结构共振响应和共振应力的影响

(a)对共振响应的影响；(b)对共振 Mises 应力的影响

　　从上述分析结果可以看出，叶片复合结构的各阶共振响应随着弹性模量的增加均降低，共振应力随着弹性模量的增加，出现有的阶次共振应力降低，有的阶次共振应力变化不大，有的阶次共振应力变化较大，表明硬涂层的弹性模量越大减振效果相对越明显。其中第 1 阶的共振响应最大，由于第 11 阶的阵型是"♯"型，所以在 y 方向的振动响应最大。

10.2.2　硬涂层损耗因子对叶片动力学特性的影响

　　设硬涂层厚度仍为 20 μm，弹性模量为 51.2 GPa。在叶片的分析模型中，仅改变硬涂层材料损耗因子，设为 3 个值，分别为 0.02、0.04、0.06，计算上述硬涂层叶片系统的相关特性参数。硬涂层的损耗因子对复合结构系统的固有频率几乎没有影响，相应的结果这里不再列举。其对硬涂层叶片的模态损耗因子和叶片的振动响应影响较大。

　　（1）对叶片模态损耗因子的影响

　　相应的计算结果见表 10.8。从分析结果可以看出，随着硬涂层损耗因子的增加，叶片复合结构的各阶模态损耗因子均增加，且各阶的规律相同，因而这里仍然以第 1 阶、第 5 阶、第 8 阶、第 11 阶为例绘制图形，如图 10.5 所示。

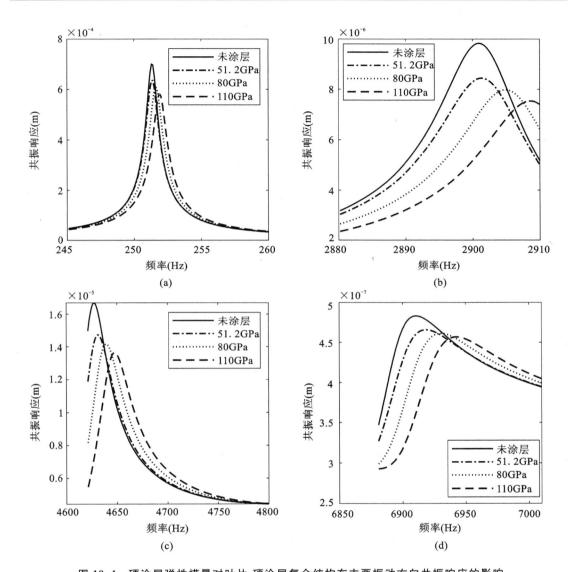

图 10.4 硬涂层弹性模量对叶片-硬涂层复合结构在主要振动方向共振响应的影响

(a)第 1 阶在 z 方向的响应;(b)第 5 阶在 z 方向的响应;(c)第 8 阶在 z 方向的响应;(d)第 11 阶在 y 方向的响应

表 10.8 涂层取不同损耗因子时叶片系统的模态损耗因子($\times 10^{-4}$)

涂层参数 \ 阶次	1	2	3	4	5	6	7	8	9	10	11	12
$n_c = 0.02$	0.776	0.925	0.761	1.010	0.891	0.371	1.070	1.205	1.182	1.147	1.134	1.151
$n_c = 0.04$	1.552	1.849	1.521	2.019	1.781	0.742	2.140	2.409	2.363	2.293	2.268	2.303
$n_c = 0.06$	2.328	2.774	2.282	3.029	2.672	1.114	3.210	3.614	3.545	3.440	3.402	3.454

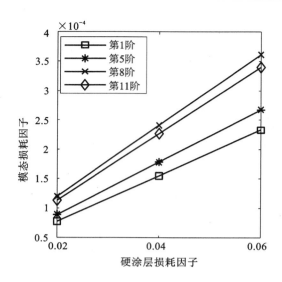

图 10.5　涂层取不同损耗因子时叶片系统的模态损耗因子

由表 10.8 和图 10.5 知,随着涂层损耗因子的增加,叶片-硬涂层复合结构的损耗因子显著提高,且第 8 阶和第 11 阶频率对应的模态损耗因子比低阶频率的高。

（2）对共振响应及共振应力的影响

涂层取不同的损耗因子,其获得的叶片-硬涂层复合结构的共振响应及共振应力见表 10.9、表 10.10 和图 10.6、图 10.7。

表 10.9　涂层取不同损耗因子时叶片系统的模态共振响应（μm）

阶次 涂层参数	1	5(8g)	8(30g)	11(100g)
未涂覆涂层	712.931	8.13843	13.5918	0.4541
0.02	662.7	8.749	15.2	0.4687
0.04	635.3	8.44	14.7	0.466
0.06	610.124	8.14024	14.2357	0.4625

表 10.10　涂层取不同损耗因子时叶片系统的共振 Mises 应力（MPa）

阶次 涂层参数	1(0.5g)	5(8g)	8(30g)	11(100g)
未涂覆涂层	15.6	4.13	3.02	3.92
0.02	14.7	4.2	2.91	3.91
0.04	13.4	4.19	2.9	3.91

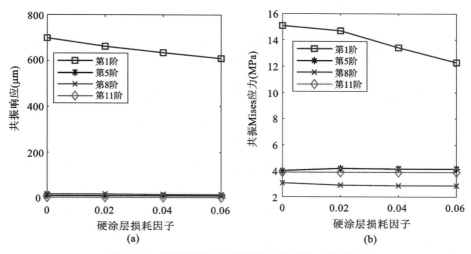

图 10.6 损耗因子对共振响应及共振应力的影响

(a)对共振响应的影响;(b)对共振 Mises 应力的影响

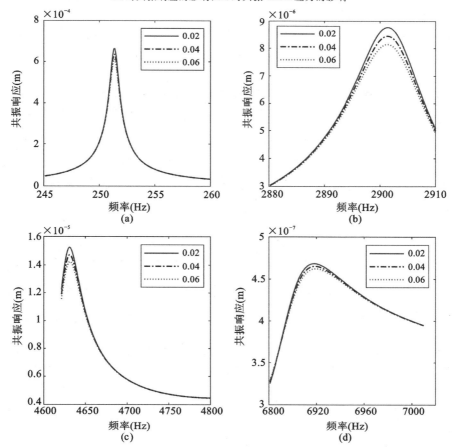

图 10.7 涂层取不同损耗因子时叶片响应曲线对比

(a)第 1 阶在 z 方向的响应;(b)第 5 阶在 z 方向的响应;(c)第 8 阶在 z 方向的响应;(d)第 11 阶在 y 方向的响应

从上述分析结果可以看出,随着硬涂层材料损耗因子的增加,叶片-硬涂层复合结构的各阶共振响应均降低,共振应力出现有的阶次共振应力降低,有的阶次共振应力变化不大。表明增加涂层损耗因子对减振效果有促进作用。其中第 1 阶的共振响应最大,由于第 11 阶的阵型是"♯"型,所以在 y 方向的振动响应最大。

10.2.3　硬涂层厚度对叶片动力学特性的影响

设硬涂层厚度为 20 μm,弹性模量仍为 51.2 GPa,损耗因子仍为 0.04。在叶片的分析模型中,仅改变硬涂层厚度,设为 3 个值,分别为 20 μm、35 μm 和 50 μm,同样计算上述叶片-硬涂层复合结构的相关特性参数。

(1)固有特性

由表 10.11 和图 10.8 知,由于涂层厚度较薄,因此随着涂层厚度的增加,叶片-硬涂层复合结构的不同阶次的固有频率有的增大,有的减小,但变化不大。

表 10.11　涂层取不同厚度时叶片系统的固有频率(Hz)

涂层参数＼阶次	1	2	3	4	5	6	7	8	9	10	11	12
未涂覆涂层	251.34	994.06	1209.4	2473.2	2901.3	3071.3	4374.8	4625.1	5053.7	6385.5	6891.6	7572.7
$H_c=20\ \mu m$	251.35	994.63	1209	2475.1	2901.8	3068.6	4377.7	4628.3	5057.8	6390.6	6896.5	7580.5
$H_c=35\ \mu m$	251.37	995.09	1208.7	2476.7	2902.3	3066.6	4380.1	4630.9	5061.1	6394.7	6900.5	7586.8
$H_c=50\ \mu m$	251.39	995.58	1208.5	2478.3	2902.8	3064.7	4382.7	4633.8	5064.7	6399.2	6904.9	7593.4

由表 10.12 和图 10.9 知,随着涂层厚度的增加,叶片-硬涂层复合结构的模态损耗因子显著增加,且第 8 阶和第 11 阶频率对应的模态损耗因子比低阶频率的高。

表 10.12　涂层取不同厚度时叶片系统的模态损耗因子($\times 10^{-4}$)

涂层参数＼阶次	1	2	3	4	5	6	7	8	9	10	11	12
$H_c=20\ \mu m$	1.552	1.849	1.521	2.019	1.781	0.742	2.140	2.409	2.363	2.293	2.268	2.303
$H_c=35\ \mu m$	2.724	3.249	2.670	3.549	3.127	1.299	3.763	4.240	4.156	4.036	3.989	4.051
$H_c=50\ \mu m$	3.902	4.660	3.824	5.092	4.482	1.857	5.402	6.089	5.967	5.796	5.726	5.816

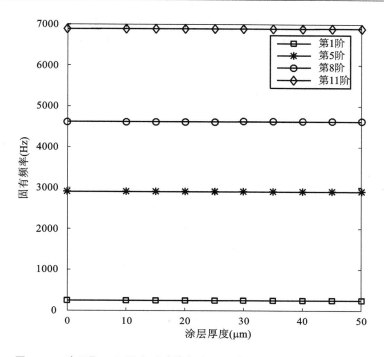

图 10.8 涂层取不同厚度时叶片复合结构第 1、5、8、11 阶的固有频率

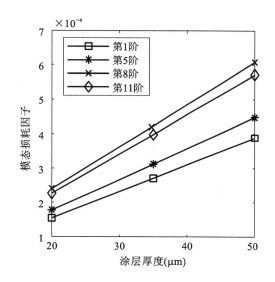

图 10.9 涂层取不同厚度时叶片系统的模态损耗因子

（2）叶片共振响应和共振应力对比

由表 10.13、表 10.14 和图 10.10、图 10.11 可知，随着涂层厚度的增加，叶片复合结构的共振响应均下降，共振应力出现有的阶次降低、有的阶次变化不大的现象。即增加涂层的厚度对减振效果有促进作用。

表 10.13　涂层取不同厚度时叶片系统的共振响应（μm）

阶次 涂层参数	1(0.5 g)	5(8 g)	8(30 g)	11(100 g)
未涂覆涂层	700.153	9.831	16.69	0.4833
20	635.3	8.44	14.7	0.466
35	599.839	7.8415	14.0266	0.459
50	567.544	7.2929	13.3855	0.4535

表 10.14　涂层取不同厚度时叶片系统的共振 Mises 应力（MPa）

阶次 涂层参数	1(0.5 g)	5(8 g)	8(30 g)	11(100 g)
未涂覆涂层	15.1	4.03	3.1	3.92
20	13.4	4.19	2.9	3.91
35	8.36	4.3	2.95	3.9
50	3.02	4.36	3.19	3.88

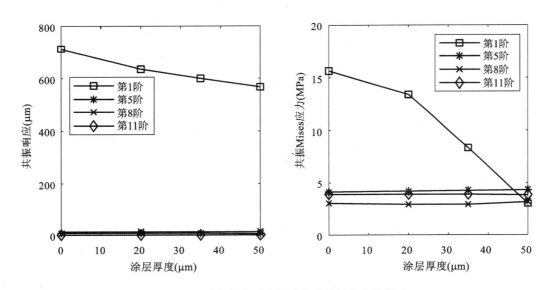

图 10.10　涂层厚度对共振响应及共振应力的影响

（a）对共振响应的影响；（b）对共振 Mises 应力的影响

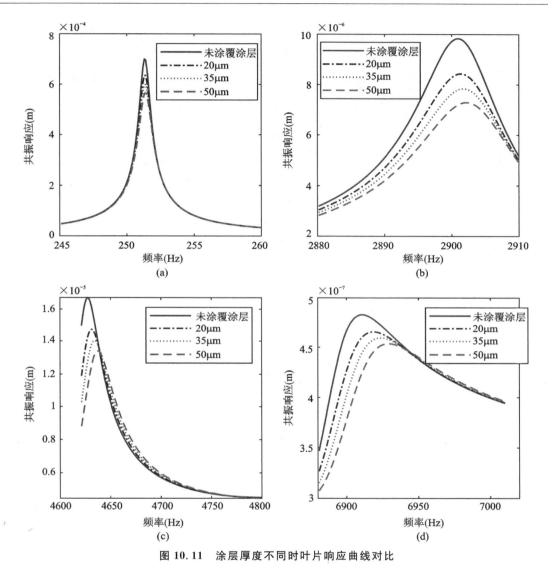

图 10.11 涂层厚度不同时叶片响应曲线对比

(a)第 1 阶在 z 方向的响应；(b)第 5 阶在 z 方向的响应；(c)第 8 阶在 z 方向的响应；(d)第 11 阶在 y 方向的响应

10.2.4 硬涂层涂覆位置对叶片动力学特性的影响

叶片涂层涂覆在不同位置时的有限元模型，如图 10.12 所示。

（1）固有特性

计算获得涂层涂覆在不同位置时叶片系统的固有频率和模态损耗因子，见表 10.15、表 10.16 和图 10.13、图 10.14。

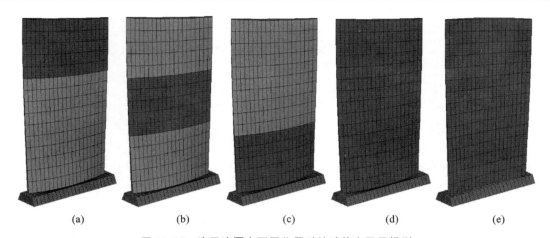

图 10.12　涂层涂覆在不同位置时的叶片有限元模型

(a)上；(b)中；(c)下；(d)凸面；(e)凹面

表 10.15　涂层位置对固有频率的影响(Hz)

阶次 位置	1	2	3	4	5	6	7	8	9	10	11	12
未涂覆涂层	251.34	994.06	1209.4	2473.2	2901.3	3071.3	4374.8	4625.1	5053.7	6385.5	6891.6	7572.7
叶盆	251.36	994.62	1209	2475.1	2901.8	3068.7	4377.7	4628.2	5057.8	6390.5	6896.4	7580.4
叶背	251.35	994.63	1209	2475.1	2901.8	3068.6	4377.7	4628.3	5057.8	6390.6	6896.5	7580.5
上部	250.93	993.64	1207.8	2474	2901.2	3067	4375.3	4626.3	5056.2	6387.5	6894.7	7575.6
中部	251.44	994.4	1209.6	2473.1	2900.6	3070.1	4376.1	4626.4	5054.1	6386.9	6892.7	7573.9
下部	251.61	994.38	1210.2	2473.6	2901.8	3072	4374.9	4625.1	5053.9	6385.4	6892.1	7573.6

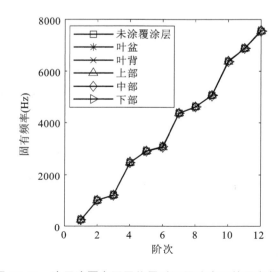

图 10.13　涂层涂覆在不同位置时不同阶次下的固有频率

由表 10.15 和图 10.13 知,同一阶次下,涂层涂敷在不同位置时,固有频率略有变化,但变化不大。

由表 10.16 和图 10.14 可知,涂层涂覆位置不同时,叶片-硬涂层的模态损耗因子变化很大。叶片整体涂覆涂层(叶盆和叶背)时的模态损耗因子大于局部涂覆(上、中、下位置),说明整体涂覆涂层的减振效果比局部涂覆涂层的减振效果更明显。

表 10.16　涂层涂覆在不同位置时叶片系统的模态损耗因子($\times 10^{-4}$)

阶次 位置	1	2	3	4	5	6	7	8	9	10	11	12
叶盆	1.555	1.875	1.497	2.040	1.760	0.740	2.154	2.419	2.359	2.300	2.288	2.293
叶背	1.552	1.849	1.521	2.019	1.781	0.742	2.140	2.409	2.363	2.293	2.268	2.303
上部	0.065	0.558	0.241	1.162	0.934	0.064	1.153	1.784	1.653	1.223	1.147	1.092
中部	0.569	0.876	0.686	0.459	0.410	0.246	0.642	0.422	0.430	0.708	0.982	0.764
下部	0.913	0.407	0.589	0.381	0.427	0.431	0.339	0.191	0.279	0.346	0.142	0.436

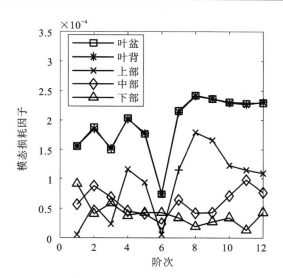

图 10.14　涂层涂覆在不同位置时的各阶模态损耗因子

(2) 共振响应和共振应力

对于不同的涂层涂覆位置,计算获得的共振响应和共振应力见表 10.17、表 10.18 和图 10.15。

表 10.17　涂层涂覆位置对共振响应的影响（μm）

位置 ＼ 阶次	1	5	8	11
未涂覆涂层	700.153	9.831	16.69	0.4833
叶盆	635.717	8.4	14.7198	0.46499
叶背	635.3	8.44	14.7	0.466
上部	693.223	8.60977	14.8751	0.46887
中部	672.014	9.07807	15.5398	0.47633
下部	660.502	9.25997	15.65	0.47879

表 10.18　涂层涂覆位置对共振应力的影响（MPa）

位置 ＼ 阶次	1	5	8	11
未涂覆涂层	15.1	4.03	3.1	3.92
叶盆	12.3	4.17	2.92	3.88
叶背	13.4	4.19	2.9	3.91
上部	10.7	5	3.06	3.91
中部	11.8	4.93	3.12	3.93
下部	2.38	4.87	3.06	3.93

　　从分析结果可以看出：整体涂覆（叶盆和叶背）叶片的共振响应小于局部涂覆；涂层涂覆在叶盆或者叶背，两者动力学特性变化不大；局部涂覆（上、中、下位置）时，各阶模态损耗因子和共振响应变化的规律不一致，说明与模态振型相关。

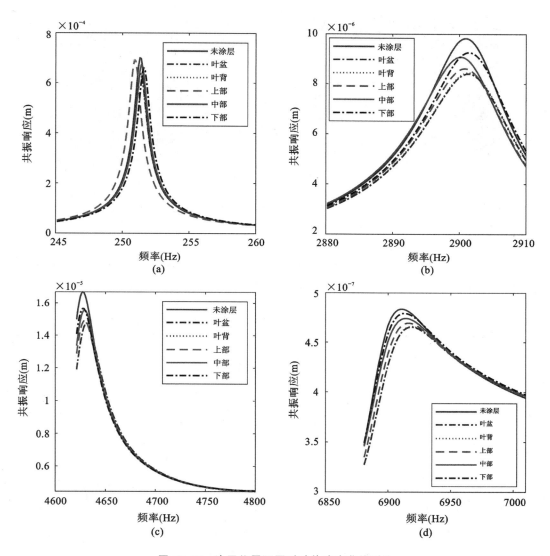

图 10.15   涂层位置不同时叶片响应曲线对比

(a)第 1 阶在 z 方向的响应;(b)第 5 阶在 z 方向的响应;(c)第 8 阶在 z 方向的响应;(d)第 11 阶在 y 方向的响应

10.3   叶片-硬涂层的实验验证

本节叶片涂覆 $20\mu m$ 厚的硬涂层,叶片-硬涂层的有限元模型如图 10.1 所示,实验中的叶片-硬涂层的实物图如图 10.16 (b)所示。通过叶片的实验结果验证叶片-硬涂层的建模方法和仿真结果的正确性。

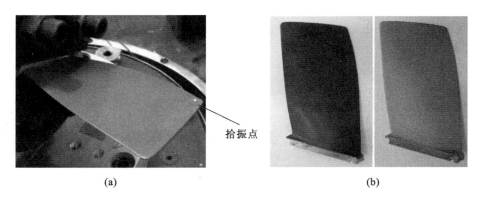

(a)   (b)

图 10.16   涂覆硬涂层前后的压气机叶片的测试装置及其实物图

(a)测试拾振点;(b)涂覆硬涂层前后的叶片实物图

由表 10.19 可以看出,涂覆硬涂层前后叶片的有限元值和实验值的固有频率偏差在 2% 之内,验证了有限元建模和求解方法的正确性。

表 10.19   涂覆硬涂层前后叶片的有限元与实验固有频率的对比(Hz)

阶次	涂覆硬涂层前			涂覆硬涂层后		
	有限元值 A	实验值 B	偏差 $\|A-B\|/B$	有限元值 A	实验值 B	偏差 $\|A-B\|/B$
1	251.3	252.3	0.4%	251.3	253.0	0.7%
2	994.1	1008.5	1.4%	994.3	1011.5	1.7%
3	1209.4	1187.5	1.8%	1208.5	1188.5	1.7%

由表 10.20 可以看出,叶片在涂覆硬涂层后的共振响应的有限元值和实验值均下降,说明硬涂层对叶片的振动有减振效果,叶片的第 1 阶振动幅值比其他阶次的振动幅值大,说明叶片的低阶振动更容易造成叶片的失效。由于有限元仿真模型是叶片真实模型的简化,所以实验值和有限元值存在一定的误差,但有限元值和实验值的降低趋势相近,故叶片-硬涂层复合结构的谐响应分析的方法可行。

表 10.20   涂覆硬涂层前后叶片的有限元与实验共振响应值(μm)

阶次	有限元值			实验值		
	涂覆涂层前 A	涂覆涂层后 B	偏差 $\|A-B\|/A$	涂覆涂层前 A	涂覆涂层后 B	偏差 $\|A-B\|/A$
1	700.15	635.3	9.3%	358	252	30%
2	7.073	6.036	14.7%	28	21	25%
3	8.328	7.34	11.9%	71	55	23%

参 考 文 献

[1] RAFIEE M,NITZSCHE F,LABROSSE M. Dynamics,vibration and control of rotating composite beams and blades：A critical review[J]. Thin-Walled Structures,2017,119：795-819.

[2] 佚名.航空涡喷、涡扇发动机结构设计准则(研究报告)[R].北京：中国航空工业总公司发动机系统工程局,1997.

[3] BURAVALLA V R,REMILLAT C,RONGONG J A,TOMLINSON G R. Advances in damping materials and technology[J]. Smart Materials Bulletin,2001(8)：10-13.

[4] 孙艳红.多频激励下干摩擦阻尼叶片的共振响应[D].天津：天津大学,2004.

[5] RAO J S,VYAS N S. Determination of blade stresses under constant speed and transient conditions with nonlinear damping[J]. Journal of Engineering for Gas Turbines and Power,1996,118(2)：424-433.

[6] YANG B D,MENQ C H. Characterization of contact kinematics and application to the design of wedge dampers in turbomachinery blading,Part 1-Stick-slip contact kinematics[J]. Journal of Engineering for Gas Turbines and Power,1998,120(2)：410-417.

[7] PETROV E P,EWINS D J. Advanced modeling of underplatform friction dampers for analysis of bladed disk vibration[J]. Journal of Turbomachinery,2006,129(1)：143-150.

[8] 单颖春,朱梓根,刘献栋.凸肩结构对叶片的干摩擦减振研究——规律分析[J].航空动力学报,2006,21(1)：174-179.

[9] 南国防,任兴民,何尚文,等.航空发动机自带冠叶片减振特性研究[J].振动与冲击,2009,28(7)：135-138.

[10] 武新华,李卫军.自带冠叶片冠间接触碰撞减振研究[J].汽轮机技术,2005,47(1)：41-44.

[11] DENHARTOG J P. Forced vibrations with combined coulomb and viscous friction[J]. Transactions of the American Society of Mechanical Engineers,1956,53(9)：107-115.

[12] GORDON C K,YEH G. Forced vibration of a two-degree-of-freedom

system with combined coulomb and viscous damping[J]. Journal of the Acoustical Society of America,1966,39(1): 14-24.

[13] PIERRE C,FERRI A A,DOWELL E H. Multi-harmonic analysis of dry friction damped systems using an incremental harmonic balance method[J]. Journal of Applied Mechanics,1985,52(4): 958-964.

[14] MUSZYNSKA A, JONES D. Bladed disk dynamics investigated by a discrete model: Effects of traveling wave excitation friction and mistuning [R]. Proceedings of the Machinery Vibration Monitoring and Analysis Meeting,1982.

[15] FERRI A A,DOWELL E H. Frequency domain solutions to multi-degree-of-freedom, dry friction damped systems [J]. Journal of Sound and Vibration,1988,124(2): 207-224.

[16] CHEN J J,MENQ C H. Prediction of periodic response of blades having 3D nonlinear shroud constraints[J]. Journal of Engineering for Gas Turbines and Power,2001,123(4): 901-909.

[17] 徐自力,李辛毅,袁奇,等. 用改进的摩擦模型计算带阻尼结构叶片的响应[J].西安交通大学学报,1998,32(1): 42-44.

[18] 丁千,谭海波. 干摩擦阻尼叶片周期振动响应的解析计算[J]. 机械强度, 2005,27(5): 571-574.

[19] GRIFFIN J H. A review of friction damping of turbine blade vibration[J]. International Journal of Turbo and Jet Engines,1990,7(3-4): 297-308.

[20] 陈璐璐. 风扇阻尼结构动力学设计理论与方法研究[D]. 北京：北京航空航天大学,2012.

[21] 范天宇. 弹性支承干摩擦阻尼器减振研究[D].西安：西北工业大学,2006.

[22] 文明. 干摩擦抗振系统性能及控制方法的研究[D].西安：西北工业大学,2003.

[23] TANG W,EPUREANU B I. Nonlinear dynamics of mistuned bladed disks with ring dampers[J]. International Journal of Non-Linear Mechanics,2017, 97: 30-40.

[24] LASSALLE M,FIRRONE C M. A parametric study of limit cycle oscillation of a bladed disk caused by flutter and friction at the blade root joints[J].

Journal of Fluids and Structures,2018,76:349-366.

[25] BODDINGTON P H B,CHEN K C,RUIZ C. The numerical analysis of dovetail joints[J]. Computers and Structures,1985,20(4):731-735.

[26] KENNY B,PATTERSON A,SAID M,et al. Contact stress distributions in a turbine disc dovetail type joint - a comparison of photoelastic and finite element results[J]. Strain,2010,27(1):21-24.

[27] PAPANIKOS P,MEGUID S A. Theoretical and experimental studies of fretting-initiated fatigue failure of aeroengine compressor discs[J]. International Journal of Fatigue,1995,17(6):449.

[28] MEGUID S A, REFAAT M H, PAPANIKOS P. Theoretical and experimental studies of structural integrity of dovetail joints in aeroengine discs[J]. Journal of Materials Processing Technology,1996,56(1-4):668-677.

[29] PAPANIKOS P, MEGUID S A, STJEPANOVIC Z. Three-dimensional nonlinear finite element analysis of dovetail joints in aeroengine discs[J]. Finite Elements in Analysis and Design,1998,29(3-4):173-186.

[30] BEISHEIM J R,SINCLAIR G B. On the three-dimensional finite element analysis of dovetail attachments[J]. Journal of Turbomachinery,2003,125(2):372-379.

[31] SINCLAIR G B,CORMIER N G,GRIFFIN J H,et al. Contact stresses in dovetail attachments:Finite element modeling[J]. Journal of Engineering for Gas Turbines and Power,2002,124(1):182-189.

[32] 魏大盛,王延荣. 榫连结构接触面几何构形对接触区应力分布的影响[J]. 航空动力学报,2010,25(2):407-411.

[33] 魏大盛,王延荣. 榫连结构几何参数对接触应力的影响[J]. 推进技术,2010,31(4):473-477.

[34] ANANDAVEL K,PRAKASH R V. Effect of three-dimensional loading on macroscopic fretting aspects of an aero-engine blade-disc dovetail interface[J]. Tribology International,2010,44(11):1544-1555.

[35] BOTTO D,LAVELLA M. A numerical method to solve the normal and tangential contact problem of elastic bodies[J]. Wear,2015,330-331:

629-635.

[36] SAZHENKOVA N，SEMENOVAB I，NIKHAMKIN M，et al. A substructure-based numerical technique and experimental analysis of turbine blades damping with underplatform friction dampers［J］. Procedia Engineering，2017，199：820-825.

[37] AFZAL M，ARTEAGAA I L，KARI L. Numerical analysis of multiple friction contacts in bladed disks［J］. International Journal of Mechanical Sciences，2018，137：224-237.

[38] RAJASEKARAN R，NOWELL D. Fretting fatigue in dovetail blade roots：Experiment and analysis［J］. Tribology International，2006，39（10）：1277-1285.

[39] ARAÚJO J A，NOWELL D. Mixed high low fretting fatigue of Ti6Al4V：Test and modeling［J］. Tribology International，2009，42（9）：1276-1285.

[40] 夏青元. 低周载荷作用下燕尾榫结构微动疲劳寿命研究［D］. 南京：南京航空航天大学，2005.

[41] 杨万均. 燕尾榫结构微动疲劳寿命预测方法研究［D］. 南京：南京航空航天大学，2007.

[42] 古远兴. 高低周复合载荷下燕尾榫结构微动疲劳寿命研究［D］. 南京：南京航空航天大学，2007.

[43] 汪震. 燕尾榫结构微动疲劳寿命可靠性分析研究［D］. 南京：南京航空航天大学，2008.

[44] PESARESI L，SALLES L，JONES A，et al. Modelling the nonlinear behaviour of an underplatform damper test rig for turbine applications［J］. Mechanical Systems and Signal Processing，2017，85：662-679.

[45] ZHOU X Q，YU D Y，SHAO X Y，et al，Research and applications of viscoelastic vibration damping materials：A review ［J］. Composite Structures，2016，136：460-480.

[46] MARTINS P C O，GUIMARÃES T A M，PEREIRA D D A，et al. Numerical and experimental investigation of aeroviscoelastic systems［J］. Mechanical Systems and Signal Processing，2017，85（15）：680-697.

[47] 常冠军. 黏弹性阻尼材料［M］. 北京：国防工业出版社，2012.

[48] BALMES E,CORUS M,BAUMHAUER S,et al. Constrained viscoelastic damping,test/analysis correlation on an aircraft engine[C]. New York: Springer-Verlag,2011.

[49] BAVASTRI C A,FERREIERA E M S,ESPINDOLA J J,et al. Modeling of dynamic rotors with flexible bearings due to use of viscoelastic materials[J]. Journal of Brazilian Society of Mechanical Sciences and Engineering,2008,30 (1):22-29.

[50] GHINET S,ATALLA N. Modeling thick composite laminate and sandwich structures with linear viscoelastic damping[J]. Computers and Structures, 2011,89(15):1547-1561.

[51] PARK S W. Analytical modeling of viscoelastic dampers for structural and vibration control[J]. International Journal of Solids and Structures,2001,38 (44):8065-8092.

[52] 邓剑波,朱梓根,李其汉,等. 悬臂梁根部金属橡胶减振器阻尼性能的实验研究[J]. 航空动力学报,1998,13(4): 425-427.

[53] 李宏新,黄致建,张力,等. 一种排除带凸肩风扇叶片榫头故障的新方法[J]. 航空发动机,2002(2): 27-31.

[54] 苗润田. 某机第4级压气机转子叶片榫头折断故障分析[J].燃气涡轮试验与研究,2003,16(2):37-40.

[55] KOCATÜRK T. Determination of the steady-state response of viscoelastically supported cantilever beam under sinusoidal base excitation [J]. Journal of Sound and Vibration,2005,281:1145-1156.

[56] WANG Y,INMAN D J. Finite element analysis and experimental study on dynamic properties of a composite beam with viscoelastic damping[J]. Journal of Sound and Vibration,2013,322(23):6177-6191.

[57] KUMAR S,KUMAR R. Theoretical and experimental vibration analysis of rotating beams with combined ACLD and stressed layer damping treatment [J]. Applied Acoustics,2013,74(5): 675-693.

[58] RAY M C,BISWAS D. Active constrained layer damping of geometrically nonlinear vibration of rotating composite beams using 1-3 piezoelectric composite[J]. International Journal of Mechanics and Meterials in Design,

2013,9(1):83-104.

[59] AUSTRUY J,GANDHI F,LIEVEN N. Rotor vibration reduction using an embedded spanwise absorber [J]. Journal of the American Helicopter Society,2012,57(2):320-333.

[60] HOSSEINI S M, KALHORI H, et al. Analytical solution for nonlinear forced response of a viscoelastic piezoelectric cantilever beam resting on a nonlinear elastic foundation to an external harmonic excitation [J]. Composites: Part B,2014,67:464-471.

[61] MIN J B,DUFFY K P,CHOI B B,et al. Numerical modeling methodology and experimental study for piezoelectric vibration damping control of rotating composite fan blades[J]. Computers and Structures,2013,128: 230-242.

[62] KUMAR M,SHENOI R A,COX S J. Experimental validation of modal strain energies based damage identification method for a composite sandwich beam[J]. Composites Science and Technology,2009,69(10):1635-1643.

[63] RAO V S,SANKAR B V,SUN C T. Constrained layer damping of initially stressed composite beams using finite elements[J]. Journal of Composite Materials,1992,26(12):1752-1766.

[64] RIKARDS R, CHATE A, BARKANOV E. Finite element analysis of damping the vibrations of laminated composites [J]. Computers and Structures,1993,47(6):1005-1015.

[65] RAVI S S A, KUNDRA T K, NAKRA B C. A response re-analysis of damped beams using eigenparameter perturbation[J]. Journal of Sound and Vibration,1995,179(3):399-412.

[66] 陈彦明,石慧荣. 局部黏弹性被动约束阻尼梁的振动分析[J]. 机械设计与制造,2009(5): 103-105.

[67] 王蔓,陈浩然,白瑞祥,等. 频率相关自由阻尼层复合材料加筋板动力分析[J]. 工程力学,2007,24(10): 64-69.

[68] ZHANG S H, CHEN H L. A study on the damping characteristics of laminated composites with integral viscoelastic layers [J]. Composite Structures,2006,74(1):63-69.

[69] CORTÉS F,ELEJABARRIETA M J. An approximate numerical method for the complex eigenproblem in systems characterised by a structural damping matrix[J]. Journal of Sound and Vibration,2006,296(1):166-182.

[70] BLACKWELL C,PALAZOTTO A,GEORGE T J,et al. The evaluation of the damping characteristics of a hard coating on titanium[J]. Shock and Vibration,2007,14(1): 37-51.

[71] IVANCIC F T. The effect of a hard coating on the damping and fatigue life of titanium [D]. Ohio Islamabad: Air University Institute of Technology,2003.

[72] MOVCHAN B A, USTINOV A I. Highly damping hard coatings for protection of titanium blades. In Evaluation,Control and Prevention of High Cycle Fatigue in Gas Turbine Engines for Land,Sea and Air Vehicles[C]. Paris:Meeting Proceedings RTO-MP-AVT-121,Neuilly-sur-Seine,2005,11: 1-16.

[73] YU L,MA Y,ZHOU C,et al. Damping efficiency of the coating structure [J]. International Journal of Solids and Structures, 2005, 42 (11): 3045-3058.

[74] GREEN J,PATSIAS S. A preliminary approach for the modeling of a hard damping coating using friction elements[C]. Carolina:7th National Turbine Engine High Cycle Fatigue Conference,2002.

[75] SHEN H. Development of a free layer damper using hard coating[C]. 7th High Cycle Fatigue Conference,2002.

[76] SMITH G W, BIRCHAK J R. Effect of internal stress distribution on magnetomechanical damping[J]. Journal of Applied Physics,1968,39(5): 2311-2316.

[77] KLOP R. Hard coat damping study [R]. Goodwood: Rolls-Royce Corporation,2005.

[78] DING J N, MENG Y G, WEN S Z. Mechanical properties and fracture toughness of multilayer hard coatings using nanoindentation[J]. Thin Solid Films,2000,371(1): 178-182.

[79] YEN H Y,SHEN H. Passive vibration suppression of beams and blades

using magnetomechanical coating[J]. Journal of Sound and Vibration,2001, 245(4):701-714.

[80] TORVIK P J,PATSIAS S,TOMLINSON G R. Characterising the damping behaviour of hard coatings: Comparison from two methodologies [C]. Carolina: 7th National Turbine Engine High Cycle Fatigue Conference,2002.

[81] LIAO Y,WELLS V. Estimation of complex Young's modulus of non-stiff materials using a modified Oberst beam technique[J]. Journal of Sound and Vibration,2008,316(1):87-100.

[82] CHEN W Q, DING H J, XU R Q. Three-dimensional static analysis of multi-layered piezoelectric hollow spheres via the state space method[J]. International Journal of Solids and Structures,2001,38(28): 4921-4936.

[83] WANG Y M,TARN J Q,HSU C K. State space approach for stress decay in laminates[J]. International Journal of Solids and Structures, 2000, 37 (26): 3535-3553.

[84] PAN E. Vibration of a transversely isotropic,simply supported and layered rectangular plates[J]. Journal of Elasticity,1992,27(2):167-181.

[85] PAN E. Exact solution for simply supported and multilayered magneto-electric-elastic plates [J]. Journal of Applied Mechanics, 2001, 68 (4): 608-618.

[86] PAN E, HEYLIGER P R. Free vibrations of simply supported and multilayered magneto-electro-elastic plates [J]. Journal of Sound and Vibration,2002,252(3):429-442.

[87] 章建国,刘正兴,林启荣. 压电弹性层合板静力机耦合特性的解析解[J]. 力学学报,2000,32(3): 326-333.

[88] LEE C K. Piezoelectric laminates: Theory and experiment for distributed sensors and actuators [M]. Boston: Kluwer Academic Publishers,1992.

[89] 周又和,郑晓静. 电磁固体结构力学[M]. 北京: 科学出版社,1999.

[90] CHANDRASHEKHARA K,AGARWAL A N. Active vibration control of laminated composite plates using piezo-electric devices: A finite element approach[J]. Journal of Intelligent Material Systems and Structures,1993,4

（4）：496-508.

[91] ZHOU Y H，ZHENG X J. A theoretical model of magnetoelastic buckling for soft ferromagnetic thin plates[J]. Acta Mechanica Sinica，1996，12（3）：213-224.

[92] LITTLEFIELD D L. Magnetomechanical instabilities in elastic-plastic cylinders，part Ⅱ：Plastic response[J]. Journal of Applied Mechanics，1996，63（3）：742-749.

[93] ZHOU Y H，ZHENG X J，MIYA K. Magnetoelastic bending and snapping of ferromagnetic plates in oblique magnetic fields[J]. Fusion Engineering and Design，1995，30（4）：325-337.

[94] 张锦，刘晓平. 叶轮机振动模态分析理论及数值方法[M]. 北京：国防工业出版社，2001.

[95] 崔荫. 汽轮机旋转叶片刚柔耦合系统的动力学问题研究[D]. 哈尔滨：哈尔滨工程大学，2008.

[96] KAYA M O. Free vibration analysis of a rotating Timoshenko beam by differential transform method [J]. Aircraft Engineering and Aerospace Technology，2006，78（3）：194-203.

[97] CAO D Q，GONG X C，WEI D，et al. Nonlinear vibration characteristics of a flexible blade with friction damping due to tip-rub[J]. Shock and Vibration，2011，18（1-2）：105-114.

[98] 李润方，庞剑霞. 接触问题数值方法及其在机械设计中的应用[M]. 重庆：重庆大学出版社，1991.

[99] 王新敏，李义强，许宏伟. ANSYS结构分析单元与应用[M]. 北京：人民交通出版社，2011.

[100] 周传月，邹经湘，闻雪友，等. 燃气轮机叶片-轮盘耦合系统振动特性计算[J]. 燃气涡轮试验与研究，2000，13（2）：36-39.

[101] 王春洁，宋顺广，宗晓. 压气机中叶片轮盘耦合结构振动分析[J]. 航空动力学报. 2007，22（7）：1065-1068.

[102] 刘棣华. 黏弹阻尼减振降噪应用技术[M]. 北京：中国宇航出版社，1990.

[103] NASHIF A D，JONES D I G，HENDERSON J P. Vibration Damping[M]. New York：John Wiley & Sons，Inc. ，1985.

［104］CLOUGH R W，PENZIEN J. Dynamics of structures［M］. New York：McGraw Hill Inc. ，1975.

［105］EWINS D J. Modal testing：Theory and practice［M］. Letchworth：Research Studies Press，1984.

［106］IMAOKA S. Viscoelasticity［M］. Pennsylvania：ANSYS Release：11. 0，2008.

［107］LAMBERT N. An introduction to the fractional calculus and fractional differential equations［M］. New York：John Wiley & Sons，Inc. ，1993.

［108］周云. 黏弹性阻尼减震结构设计［M］. 武汉：武汉理工大学出版社，2006.

［109］BAGLEY R L，TORVIK P J. A theoretical basis for the application of fractional calculus to viscoelasticity ［J］. Journal of Rheology，1975，102 (2)：115-198.

［110］PRITZ T. Analysis of four-parameter fractional derivative model of real solid materials［J］. Journal of Sound and Vibration，2015，195（195）：103-115.

［111］JONES D I G. Handbook of viscoelastic vibration damping［M］. John Wiley & Sons，Inc. ，2001.

［112］SUN C T，LU Y P. Vibration damping of structural elements［M］. New Jersey：Prentice-Hall，1995.

［113］张海联，周建平. 固体推进剂药柱泊松比随机黏弹性有限元分析［J］. 推进技术，2001，22(3)：245-249.

［114］HU Y C，HUANG S C. The frequency response and damping effect of three-layer thin shell with viscoelastic core［J］. Computers & Structures，2000，76(5)：577-591.

［115］CORTES F，ELEJABARRIETA M J. Structural vibration of flexural beams with thick unconstrained layer damping［J］. International Journal of Solids and Structures，2008，45（22）：5805-5813.

［116］王凤菊. 橡胶牌号手册［M］. 北京：化学工业出版社，2003.

［117］INMAN D J. Engineering Vibration［M］. New Jersey：Prentice-Hall，2001.

［118］张义民. 机械振动［M］. 北京：清华大学出版社，2007.